情商训练教程

吴 琪 编著

图书在版编目(CIP)数据

情商训练教程/ 吴琪编著. —北京：北京大学出版社，2020. 8
ISBN 978-7-301-31111-0

Ⅰ. ①情… Ⅱ. ①吴… Ⅲ. ①情商－通俗读物 Ⅳ. ①B842.6-49

中国版本图书馆CIP数据核字（2020）第017435号

书　　名 情商训练教程
QINGSHANG XUNLIAN JIAOCHENG
著作责任者 吴　琪　编著
策 划 编 辑 李　玥
责 任 编 辑 李　玥
标 准 书 号 ISBN 978-7-301-31111-0
出 版 发 行 北京大学出版社
地　　址 北京市海淀区成府路205 号　100871
网　　址 http://www.pup.cn　新浪微博: @ 北京大学出版社
电 子 邮 箱 编辑部zyjy@pup.cn　总编室zpup@pup.cn
电　　话 邮购部010-62752015　发行部010-62750672　编辑部010-62704142
印 刷 者 北京鑫海金澳胶印有限公司
经 销 者 新华书店
720毫米×1020毫米　16开本　9.25印张　206千字
2020年8月第1版　2025年1月第4次印刷
定　　价 28.00元

训练导语

提高情商不是一句空话。我们都知道情商的重要性，可是如何去提高自己的情商，如何在我们的工作和生活中体现和运用情商，是一个令大家感到困扰的问题，本书将帮助你找到答案。

一、目标

智商决定人的发展的基础，而情商决定人的发展的高度。随着社会的不断发展，在新的时代里，我们需要用较高的情商去突破自我、征服别人、赢得机会、创造平台。许多人对提高情商的需求越来越迫切，这不仅对个体发展是重要的，而且对团队建设、工作管理都具有积极意义。因此，认识到情商的重要性是很有必要的，而这也只是一个开始，如何培养和提高我们的情商，并将其运用在工作、生活之中，才是本书要重点解读的内容。

本书是情商培养和提高的训练指南，注重于情商的实践指导，通过具体、形象的活动，用体验参与式的训练模式达到提高情商的效果。本书既有理论概念的解读，又有竞技型的团队活动以及情境模拟训练，后者能充分挖掘我们的情商潜能，从潜意识里影响我们的言行习惯，帮助大家有效提高情商。

二、适用对象

本书既适用于个人提高情商的自我学习，也适用于学校情商课程的教学指导，还适用于企业人员管理培训和团队建设。本书意在通过打造攻坚团队

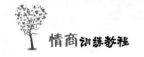

来训练和提升个体情商，帮助团队中的每一位学员转变思维、控制情绪、提升沟通能力、改善人际关系，使大家的工作与生活更加轻松快乐。

三、本书构架

本书共分为两个部分。

第一部分是情商训练的准备阶段。首先，导师通过情商自测了解每一位学员对自己情商能力的初步理解和掌握情况。其次，导师对情商的概念进行解读，既有对情商的理论层面上的解读，也有从实际生活案例着手分析情商能力的高低给我们现实生活带来的影响，理论和实践的双向结合让学习者更快、更有效地了解情商的相关概念。最后，学员们通过组建团队为之后的课程训练打下基础。

第二部分是模块训练，即将如何提高情商分成七大训练模块，其中五个模块分别从自省、思维、情绪、同理心、沟通五个方面依次展开，每个模块可以单独成为一个训练部分；还有两个模块是综合训练，以团队活动、拓展训练为主要训练方式，考察学员学习各个模块后相关知识的掌握情况。每个模块之间的关系是层层递进的，这样的进阶设计会更有利于学员对所学内容的及时消化和运用。

本书区别于传统的情商类教材的最大特点是不拘泥于理论，而是在理论基础上从实践出真知的角度提升训练效果，用参与式、体验式、互动式、拓展式等方式充分调动学员的积极性，让其从根本上意识到该怎样提高情商，该如何在学习、工作和生活中提高情商，避免像目前市面上大多数情商类教材那样只是一味地说教、讲道理，停留在理论层面。

希望本书能在实际工作和生活中对大家有积极的指导作用，无论是渴望提高情商的读者个体，还是有意进行情商训练的团队老师，在拿到这本书后都可以从实际训练入手。在本书正式出版之前，书中的训练活动已经进行了反复的训练效果的检验，每一个章节的安排有其科学性，每一个训练活动也是方便操作的。这些训练活动不仅可以提高训练者的情商，还对团队的管理、氛围的营造、感情的增进具有积极意义，在完整的训练中可以见证训练者的成长和蜕变。

四、导师能力

因为本书是情商训练类教材，所以对引导整个训练活动的导师（或称教练、培训师）的能力要求较高。首先，导师需要熟悉书中每一部分的内容，还要能熟练操作每一个训练任务，知道每一个活动的训练目的和操作的注意事项，并且可以用流畅且通俗易懂的语言让学员明确训练意图，知道自己要做什么、怎么做。其次，由于学员们来自不同的生长环境，可能存在个别学员性格内向、不善于交流这样的情况，这要求导师要有较强的组织能力，可以调动学员的积极性，激发大家的参与热情，避免用命令式语气去强行指派，否则训练效果会大打折扣，并且违背我们的训练初衷。最后，导师还需要具备较强的现场应变能力，虽然每一个训练活动都经过了反复的实践检验，但是每一个团队情况不同，团队中学员的组成情况也不同，导师要能很好地根据现场实际情况掌控全局、处理突发情况。

特别提醒

虽然我们都选择了安全、无危险性的活动，但是在活动现场，导师决不能掉以轻心，保障学员的安全是训练活动开展的前提条件，也是每一个导师需要在活动前、活动中反复强调的。尤其是第二部分安排了两次综合训练，其涉及的任务、活动较多，需要格外注意。

导师提示

本书是一本提升情商的训练类教材，训练方式多以团队拓展为主。一般建议学员要全程参与训练，中途不要离开，因为每一部分、每一模块都是循序渐进的，如果中间的某个模块学员没有参与，再进行下一模块会存在思路脱节的情况。另外，学员在训练的准备阶段已经组建好了自己的团队，不建议以后再更换团队成员，因为情商的提升是一个潜移默化的过程，往往都是在一点一滴的变化中实现的，所以如果中途换人，会影响团队训练的连续性，不利于下面训练的开展。当然，训练开展后如果发现学员中有特殊情况，建议导师可以进行个体辅导，将团队训练改成一对一的情境，不影响训练效果。如果训练人数超过 50 人，建议配备助教，可以及时观察到学员动态，更好地辅助训练活动的开展。

五、学习指南

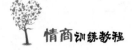

本书中的章节安排是循序渐进的，所以学习者务必按照这个顺序进行学习和训练，不要将顺序打乱，否则会影响训练效果。

每一章都安排了训练任务和本章作业，请大家务必完成，这是对所学内容的一个及时消化。对于具体的训练进度，导师可以根据这个章节的内容来安排，也可以依据学员情况和团队活动的具体操作时间进行把控。需要说明的是，团队训练活动没有明确的操作时间，因为每个团队的情况是不一样的，建议导师灵活安排，如果大多数人都已经完成，那么就可以结束，否则等待的人会觉得无聊。在训练活动进行时，导师需要观察各个团队的活动进展情况，及时记录下各个团队的问题。

六、后续跟踪

训练课程学习完毕后，建议成立团队的交流平台，让学员们定期进行交流，导师也可以邀请改善效果特别明显的学员进行经验分享，对于改善效果不是很明显的学员，也可以与他们进行具体交流，帮助他们巩固提升，这样整个团队的情商提升效果会更加明显。

目　　录

第一部分

你准备好了吗？

第1章
测测自己的情商

好的开始是成功的一半，本书的第1章非常关键。本章的学习是一个我们对自己摸底的过程，通过对各类问题的真实解答来测试我们目前情商处于哪个水平，在情商方面存在哪些问题，有哪些认知上的偏差，以及可以从哪些方面进行改进和提升，等等。

"情商"这两个字对我们来说并不陌生，但是我们对情商的认知是否科学、准确呢？在课程开始前，我们很有必要进行一下测试，看看自己对情商的认知程度，也让导师对大家有一个初步的了解，这样有利于我们的训练课程更有针对性地开展。

提高我们的情商有很多积极意义，它不仅能从现实层面帮助我们促进人际交往和谐发展，让我们的工作、生活变得更加美好，而且从心理健康及能力培养的角度来看，提高情商也具有重要意义，这就是现代情商的核心价值体现。

我们想提高自己的情商，必须先了解自己情商的基本情况，这是学习情商训练类课程的第一步。然后，在此基础上开展训练会更有针对性，效果也会更加明显。正所谓取长补短，根据自己的劣势有计划地进行训练，才更能保障训练效果。

训练任务 1.1

请你根据以下内容做一个情商自测，了解一下目前自己的情商水平。

以下 10 个高情商的表现，你占多少个呢？（每项 10 分，看你能得多少分?）

第一，不抱怨、不批评。

第二，富有热情和激情。

第三，能包容和宽容。

第四，善于沟通与交流。

第五，经常性地赞美别人。

第六，始终保持好心情。

第七，善于聆听别人说话。

第八，有责任心敢担当。

第九，每天进步一点点。

第十，好东西善于分享。

在下面的横线上记下你的分数并写下你此时的心情：

这个分数不代表什么，它会随着我们的学习的不断深入而发生变化。但是我们必须要在学习前有一个自我的认知，知道自己的问题所在，才可以更有针对性地学习。

在［训练任务 1.1］中所进行的情商自测是需要引起我们重视的，但是它不具有唯一性，因为情商的高低不能只由自己说了算，更多的时候是在与他人的交往中展现出来，由他人给予评价的。

训练任务 1.2

请你本着真实、客观的原则在下面的横线上写下你认为自己在别人心中的印象。

也许在日常生活中我们没有刻意地关注自己在别人眼中是什么样的，但是希望从现在开始，我们可以做一个洞察者，这对提高情商具有积极意义。［训练任务 1.2］的结果会随着我们的学习进程的开展而有所变化，请在学习完整个课程后再回到这一章节看看自己还未学习时的情况，做一下对比，你会更加深刻地感悟到情商对你的工作、学习、生活等方面带来的改变。

本章小结

要提高情商，一定要先知道自己的情商目前处于什么水平。通过本章的学习，我们初步了解了自己的情商水平，可以有意识地让自己回想在以往的生活、学习及工作中，自己是否有过一些低情商的表现。通过本章的各种训练反思自己的语言和行为，为之后的模块训练做好准备。

本章作业

通过情商自测和自省认知，我们对自己的情商有了一个初步的了解。请回想自己在以往现实生活中遇到的一些事情，分析一下自己的表现，试着评价一下自己的情商水平。

____

____

____

____

____

____

第2章 你需要了解的情商概念

在情商训练开始之前，我们除了需要进行课程的基本准备外，还需要对情商的一些基本概念有一定了解，避免将认知停留于错误的层面，影响训练效果。理论的积淀是良好学习的开端，因此我们需要知道什么是情商，情商与智商有什么区别，低情商和高情商有哪些具体表现，情商与情感、情绪之间有什么关联……我们只有对这些概念有一定的学习，才可以理解为什么本书的训练模块中要选择自省、思维、情绪、同理心、沟通作为主要训练模块了。

在学习本章的内容前，我们先来聊一聊大家都非常熟悉的古典文学名著《红楼梦》里的一个重要人物——王熙凤。

林黛玉刚被接到贾府时，大家都在贾母的屋子里迎接她，而王熙凤是最后一个出场的。她向长辈们见礼之后，看了看贾母身边的林黛玉就直接说："天下真有这样标致的人物，我今儿才算见了！况且这通身的气派，竟不像老祖宗的外孙女儿，竟是个嫡亲的孙女，怨不得老祖宗天天口头心头一时不忘。"这句话不但夸了林黛玉，而且还夸了贾母和贾敏，顺带把贾府的小姐们都夸了一遍。"通身的气派"彰显出大家族的贵气、修养及综合素养，意在说贾府的孩子都是人中龙凤。在秦可卿死后，王熙凤帮忙协理宁国府，在困难重重的情况下把宁国府治理得井井有条，让全府上上下下都能各司其职，体现了其优秀的领导力、沟通力、抗压力等，这些都是高情商的表现。

一、什么是情商？

"情商"这一概念是由美国心理学家约翰·梅耶（Jone Mayer）和彼得·萨洛维（Peter Salovey）于1990年首先提出的，但当时并没有引起全球范围内的关注。直至1995年，时任美国《纽约时报》科学记者的丹尼尔·戈尔曼（Daniel Goleman）出版了《情商》（*EQ*）一书，才引起全球性的情商研究与讨论。因此，丹尼尔·戈尔曼被誉为"情商之父"。

情商（Emotional Quotient，EQ）又称情绪智力，主要是指人在情绪、情感、意志、耐受挫折等方面的品质。以往，人们认为一个人能否在一生中取得成就，智力水平是最重要的，即智商越高，取得的成就可能就越大。但从

社会的现实发展来说，情商水平的高低对一个人能否取得成功也有着重大的影响，有时其作用甚至会超过智商水平。

丹尼尔・戈尔曼认为，情商包括以下五个方面的内容：

(1) 认识自身的情绪。因为只有认识自己，才能发现自己，从而主宰自己。很多时候我们会忽略自己，更多地在关注别人的情绪，从而容易陷入对别人的抱怨和不满中，却没有想过我们自己的情绪是否是影响别人情绪的源头。

(2) 妥善管理自己的情绪，即能调控自己的情绪。有情绪很正常，有负面情绪也不可怕，可怕的是不知道如何管理自己的情绪，而被情绪主导，最后影响自己的心情、状态和生活。

(3) 自我激励，即鼓励自己。它能够使我们走出生命中的低潮，重新出发。在情绪低落时，我们应该开启自我激励模式去肯定自己，重拾信心。在自我激励中培养积极乐观的心态，这对提高情商有重要意义。

(4) 认知他人的情绪。这是与他人正常交往，实现顺利沟通的基础。当我们清晰认识到自身的情绪，且可以妥善管理自己的情绪，将负面情绪转化成积极情绪时，接下来我们就需要学会认知他人的情绪，洞察他人，培养同理心，加强沟通，减少矛盾。

(5) 人际关系的管理。这一点是建立在前四点的基础上而展现出的综合能力，它表现为善于组织协调、团队管理，能营造良好的人际关系氛围。

情商水平不像智商水平那样可用客观试题通过考试后的分数呈现出来，它只能根据个人在实际交往中通过言行而展现出的综合情况进行判断。情商水平高的人在具体的行为方式上会有怎样的一些体现呢？

情商水平高的人一般具有如下的特点：社交能力强，不易陷入恐惧或伤感，对事业较投入，为人正直，富有同情心，情感生活较丰富但不逾矩，无论是独处还是与许多人在一起时都能怡然自得……一个人是否具有较高的情商，和童年时期所受到的教育和培养有着密切的关系。因此，培养情商应从小开始。

那么，自己现在是否需要培养情商呢？在回答这个问题前，你可以先思考以下 10 个问题，看你是否也有这样的困扰。如果你的答案都是否定的，那么说明对于你来说提高自己的情商水平已经刻不容缓了。

◎我是否总是动力十足？

◎我总能与别人融洽相处吗？
◎我善于做决定吗？
◎我能缓解自己的各种压力吗？
◎我解决问题的能力强吗？
◎别人觉得我善解人意吗？
◎我是否总能很真诚地评价自己的优点和缺点？
◎在改变之前，我考虑过自己的行为是否会影响到他人吗？
◎在职场上，我是否如自己所期待的一样成功？
◎我的生活是否像我所想的那样幸福？

训练任务 2.1

针对以上 10 个问题，你是否有过困扰？你的困扰具体是什么？为什么呢？请在下面的横线上记录下来。

____

____

____

____

____

____

____

____

____

二、情商与智商的区别

智商，即智力商数（Intelligence Quotient，IQ），是个人智力测验成绩和同年龄被试成绩相比的指数，是衡量个人智力高低的标准。“智商”这一概念是由德国心理学家威廉·斯特恩（William Stern）于 1912 年首次提出的，后

由美国斯坦福大学心理学教授刘易斯·麦迪逊·推孟（Lewis Madison Terman）加以完善、使用和推广。

从反映的能力和作用两个方面来讲，智商和情商有以下区别。

1. 反映的能力

智商和情商关注的重点不同，反映的能力也不同。智商的高低反映着智力水平的高低，而情商的高低反映着情感品质的差异。

智商主要反映一个人的认知能力、思维能力、语言能力、观察能力、计算能力等，主要是理性的能力；情商主要反映一个人感受、理解、运用、表达、控制和调节自己情感的能力，以及处理自己与他人之间的情感关系的能力，是非理性的能力。

智商和情商都与遗传因素、环境因素有关。其中，情商的形成和发展更容易受到环境因素的影响，不同的环境使人有不同的行为表现。情商涉及我们如何看待自己，如何看待和面对他人，所以进行情商训练一定要与外界互动，只有在动态的人际交往模式中展开训练，才能锻炼自我管理情绪的能力，提升自己与他人互动时表现出来的能力与素养。

2. 作用

智商的作用主要在于帮助我们更好地认识客观事物，注重认知的真实性、准确性，由理性思维做主导。因此，高智商的人学习能力强，思维反应快，认知有深度，容易在某个专业领域有一定成就。

情商主要与非理性因素有关，它影响着人们认识实践活动的能力。它通过影响人的兴趣、意志、毅力，加强或弱化人们认识事物的驱动力。智商不高而情商较高的人，学习效率虽然不如高智商的人，但是有时能比高智商的人成就更大。情商的价值是无法估量的，它可以弥补个体因为智商较低而带来的学习效率低、做事质量不高等负面影响，通过后天与外界的互动，达到理想的效果。

情商与智商相比，是“软技能”，高情商的人一般具有以下几种比较突出的能力：

◎与他人融洽相处的能力；

◎有效地领导团队的能力；

◎促进他人的进步和管理他人的能力；

◎自我成长的能力；

◎良好的人际交往能力；

◎尽可能有效地运用认知（思考）的能力；

◎面对困难时，依然保持活力的能力；

◎积极处理批评和困境的能力；

◎在危机中保持冷静的能力；

◎做决定时，有理解和接受他人建议的能力。

三、低情商和高情商的具体表现

情商是一种心灵力量，体现的是人的涵养、性格等因素。情商的高低通常通过我们的言语和行为表现出来。那么，哪些行为分别是低情商和高情商的表现呢？让我们带着这个问题观察一下我们身边的人，看看他们的行为给你都带来了什么样的感受。

训练任务2.2

讨论问题： 低情商和高情商的人具体有哪些行为表现？

任务要求： 请在下面的横线上写下你所认为的低情商和高情商的行为表现。然后由导师邀请一些学员进行分享，最后进行归纳和总结，看看自己对情商的概念是否有进一步的认识。

____

____

____

____

____

____

____

____

通过［训练任务2.2］，我们对情商的行为表现有了基本认知。一般来说，高情商的人所具有的特质如下：

◎具有良好的内在修养；

◎拥有均衡的处世态度；

◎了解自己的优点，自信发挥所长；

◎了解自己的缺点，懂得改进和成长；

◎待人真诚、热忱；

◎具有幽默的特质；

◎懂得弹性与变通；

◎对自己有清醒的认识，能承受压力；

◎自信而不自满；

……

低情商的人所具有的特质如下：

◎易受他人的影响，自己的目标不明确；

◎把自尊建立在他人认同的基础上；

◎缺乏坚定的自我意识；

◎人际关系处理能力较差；

◎比较依赖他人；

◎无责任感，爱抱怨；

……

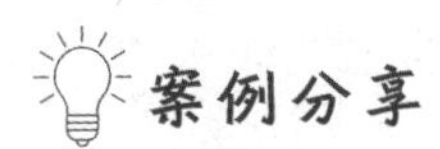

1. 下面是一对情侣之间的电话对话。

女朋友："我发烧了……"

男朋友："多喝水，被子捂紧。"

女朋友："39.2℃……"（满心期望男朋友能来看望自己）

男朋友："牛啊！温度这么高！"

2. 与朋友聚会聊天，我说："我身体特别健康，很少生病。"一位朋友认真地说："一般很少生病的人，一生病就生大病！"

3. 部门领导讲起当年参加的一次英语考试，新来的同事说："哇！您还会英语呢！"他的本意是想夸奖领导才华横溢，但让人听起来就像"看不出来你这个'土包子'还会说英语"。

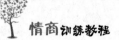

4. 五个人去食堂吃饭，食堂一张桌子只能坐四个人。A动作较慢，我们买完饭坐好后他才来，于是他只好一个人坐在旁边。我怕A太孤单，就起身坐在了他的对面，结果他以迅雷不及掩耳之势坐到了我原来的位置……

5. 当着众多不熟悉的人，B问女生："你今天画眉了？""擦粉底了？""涂口红了？"

导师点评：都说智商低是硬伤，其实情商低才是真的伤人伤己于无形之中。

训练任务2.3

如果你是以上5个案例中的当事人，你会怎么说、怎么做？请写在下面的横线上。

____

____

____

____

____

____

高情商的人一般善于观察，懂得梳理别人的真实诉求。高情商的人不会将自己的负面情绪直接展现出来，尤其在与他人的沟通中，很少使用类似"你不懂""你不会""你根本不了解"这样的直接否定且带有批评性的语句，因为这样很容易给别人带来不愉快。比如，"你根本不关心我"这句话，让对方听到的感受是自己被指责，其实说话者的真实诉求不是指责、抱怨对方，而是想表达自己需要关心，但是因为采取的沟通方式不当，最后真实诉求未传达出来，还使对方陷入烦躁和不满中，影响了彼此的感情。

训练任务2.4

观察身边的人，请至少找出3个在现实生活中低情商表现的实例（言行举止方面），并记录在下面的横线上。

____

____

____

____

____

____

四、情绪与情感

丹尼尔·戈尔曼认为："情绪意指情感及其独特的思想、心理和生理状态，以及一系列行动的倾向。"根据《牛津英语词典》的解释，"情绪"的字面意思是"强烈的感觉，激情，情感"（a strong feeling such as love, fear or anger; the part of a person's character that consists of feelings）。

情绪和情感都是人的正常需要。其中，情绪与人的自然性需要相联系，具有情境性、暂时性等特点，会随着不同的情境有不同的变化，具有明显的外部表现；而情感与人的社会性需要相联系，具有稳定性、持久性等特点，不会随意变化，也不一定有明显的外部表现。情感的产生伴随着情绪反应，而情绪的变化也受情感的控制，两者是相辅相成的。情感会通过情绪传递一定的信息，情绪也通过情感作用而展现。人们一般根据情感表现出不同的情绪体验，比如肯定的情绪体验（如满意、喜悦、愉快等），或者否定的情绪体验（如不满意、忧愁、恐惧等），这都是依托情感而表现的。

而情感驾驭能力和情绪控制能力都是情商训练中要解决的两大问题，要想了解和提升情商，必须要懂得"四个情绪"：

（1）了解他人的情绪。这对提升沟通效率、实现沟通目的具有积极意义，有利于营造好的沟通氛围。

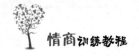

(2) 了解自己的情绪。在控制自己的情绪之前，一定要知道需要控制的是什么，所以我们要不断觉察自己的感受，如若发现情绪趋于失控，就要及时进行调整。

(3) 尊重他人的情绪。调整自己的情绪是在尊重他人的情绪的前提下进行的，我们可以通过转变思维方式去理解、尊重他人的情绪。

(4) 控制自己的情绪。只有控制好自己的情绪，才能使自己平心静气，使自己能够更加理智地思考，更有智慧地处理问题。能控制自己的情绪，是情商高的表现。

这“四个情绪”是循序渐进、不断深入的。善于感知情绪、调整情绪、尊重情绪的人，在控制情绪方面也有先天的优势，而这是情商能力最直接的展现。

情绪是由情感引起的，因此为了控制我们的情绪，展现高情商，还需要培养情感上的四大能力：

(1) 管理情感的能力。情感受感性层面支配，而管理情感则上升到理性层面。

(2) 辨识情感的能力，在理性支配的基础上，对情感的辨识显得尤为重要，如果我们不能分清楚情感的诉求，可能会影响对情感的运用和驾驭。

(3) 运用情感的能力，以情动情，以真挚的情感打动别人，促进情感的交流，是提高情商的必要阶段。

(4) 驾驭情感的能力，即要收放自如地发挥情感的积极作用，用理智驾驭情感。

另外，我们应重点注重以下五个能力的提升：

(1) 认识自身情绪的能力，即要有自我意识，能够认识自己，不断地自省，知道自己当下的情感诉求，知道自己的情绪以及情绪产生的缘由，清楚地感知到情绪的存在和变化。

(2) 妥善管理情绪的能力，即要能自我调节，管理好自己的情绪，即使遇到了困难、突发事件等，也能控制自己的情绪。情绪的产生是正常的生理反应，有情绪是正常的，所以情绪不能消除，但是可以控制和驾驭情绪。妥善地管理情绪是高情商的重要体现。

(3) 自我激励的能力，即面对情绪变化可以进行自我调节，以积极乐观的心态面对挫折，肯定自我，培养坚定的性格，树立自信心。高情商的人所展现出来的温暖和积极，不是因为诸事顺意，而更多的是在面对挫折后，他可以用积极的心态让自己看到事情积极的一面，从而获得前行的动力，这是一个不断自我激励的过程。

(4) 认识他人情绪的能力，即要有同理心，通过移情，能体会他人的情感及立场，站在他人的角度理解对方的感受，设身处地为他人考虑。人与人之间的交流，不是单向的，而是双向互动的，所以在交流过程中，对方的言行举止都可以体现对方的情感诉求。我们要注意观察对方的情绪，当感同身受时，彼此之间交流的距离就会缩短，感情也会增加，关系将更加融洽。

(5) 人际关系管理的能力，即要有社交技能，通过倾听，理解和肯定他人的感受，与他人和睦相处。高情商的人善于发现别人的情绪变化，处理好人际关系，并通过自己的言行营造良好的沟通氛围，减少他人的负面情绪，促进有效沟通。所以，高情商的人有较强的人际交往能力，和他们交流，会获得更加愉悦的交流感。

训练任务 2.5

体会不同情绪下情感的变化

请你分别用喜、怒、哀、乐四种不同的情绪表演“谁动了我的奶酪”这句话，体验不同情绪下情感的变化，观察不同的情绪带给人语言和行为的变化。

任务说明：挑选表现力强的学员作为代表上台通过语言和行为表演在喜、怒、哀、乐这四种不同情绪下“谁动了我的奶酪”这句话。表演者应注意声音、语速、语调的变化，以体现情绪的不同。表演者可以辅助一些动作，增加表演效果。为方便表演者进入情境，导师可以对喜、怒、哀、乐四种情境做一定的阐释。例如，“喜”：你很渴望将奶酪分享给大家，所以非常开心；“怒”：别人没有和你沟通就吃了你的奶酪，你感觉自己没有被尊重，因此很愤怒；“哀”：你好不容易买到的一块限量版的奶酪突然没有了，而且再也买不到了，你感到很伤心；“乐”：奶酪快过期了，终于有人吃掉了，你有些窃喜，偷着乐。其他的学员请认真观察表演者的表情，注意自己看到不同情绪、情感后的感受和反应。

本章小结

高情商的人在人际交往中更受欢迎，他们经常称赞别人取得的成绩，肯定别人做出的努力，恰当的赞美和真诚的肯定让他们备受欢迎。

而低情商的人最常说的话是“你做得不对”“你的想法一点都不好”“你做事的速度太慢了”……他们爱在别人兴致勃勃的时候泼来一盆冷水，习惯去否定别人，或者用轻蔑的一瞥、令人生厌的叹息、尖刻的话语，去讽刺和挖苦别人，给别人造成情绪上的伤害。

如果你觉得自己的智商不够高，没关系，你可以依靠高情商使自己的生活幸福、事业成功。即便你现在的情商不高也没有关系，你可以通过后天的训练使其不断地提高。

本章作业

团队讨论：请说出 10 种以上你认为的提高情商的好处，并将其记录在下面的横线上。

第3章 组建我们的训练团队

情商训练切忌闭门造车，我们一定要走出去多与他人交往，通过实践交流活动才可以有思考、有突破。所以，为了实现训练目标，达到好的训练效果，学员们需要组建自己的训练团队。团队组建时应尽量减少主观因素，这样才能使每位学员更好地参与其中。

本章介绍了训练团队组建的原则和多种方式，供导师和学员们参考。现在我们就一起学习如何在有限的时间内组建一个属于我们自己的训练团队吧！

团队组建是指将具有不同背景、专业、能力、特点的个人变成一个整体、一个有效的工作单元的过程。一个优秀的团队，一定是有凝聚力、默契度、执行力的。

一、团队组建的原则

1. 陌生化原则

由于组建团队的目的是为了更好地训练我们的情商，所以团队组建应采取陌生化原则，尽可能让队员们在一个相对陌生的环境里开始训练会更有意义，即团队成员之间是互不相识的。因为情商训练的开始就是要尽可能剔除学员大脑中已有的错误的思维意识，很多低情商的行为表现其实归根到底是和思维意识有关，是意识上的错误认知而导致的行为方式。所以，如果与熟悉的人一起进行训练，很容易带上之前的思维定式，那么训练效果就会受到影响。

2. 男女搭配原则

即尽可能让团队中的男女比例不要过于失衡，因为男性的思维一般偏理性，女性的思维一般偏感性，而如果一个团队中理性思维或感性思维过多，都不利于情商训练的开展。反之，如果能让两种思维相互配合，让学员们看到不同思维下带来的行为效果，会更有说服力。所以，在组建团队时这个原则相当重要。如果一个团队中的成员无法达到男女比例平衡，可由导师调整方案，或安排一些助教加入其中参与训练，这也是一个可行的方案。

3. 自愿原则

团队组建可以随机安排，也可以指定方式进行，但无论采取何种形式，

学员都应是自愿且乐于参与的，不应让学员在被迫或压抑、不满的情绪下进入团队，这将不利于训练的开展。如果学员在未开始的训练中就已经带有情绪，那么接下来所有的训练都将是无效的。

二、团队组建的方式

团队组建的方式有很多种，本书列举如下几种，由导师根据场地及团队人数灵活安排。

1. 自告奋勇

这种方式要求学员自告奋勇地报名担当团队队长一职，并让有意愿担当队长的学员逐一进行一个简短的自我介绍，然后分别给他们编排一个数字号码，并背对大家，再请其他学员依据队长的表现和自己的喜好进行选择，愿意成为哪一个队的成员就站在该队队长的后面，不允许队长向后看。如果某一队人数较多，导师可以与该队成员沟通后进行调整，最终完成团队组建。

2. 双向选择

这种方式与第一种方式有相似之处，也请愿意担当队长的学员在大家面前进行简短的自我介绍，但是不只是让学员来选择队长，而是双向选择。导师在一开始就根据学员的总人数计算出分组队伍的数量和每组的人数（要求每组人数大体相当）。队长们逐一自我介绍完毕后，请队长们带上纸和笔出列，学员们愿意选择哪一个组，就在队长的纸上写上自己的名字，队长必须明确上文介绍的团队组建的三个原则，把握好团队的人员数量和男女比例。此外，队长也可以主动邀请自己喜欢的学员加入自己的小组。这是一个双向选择的过程。

3. 数字抽签

数字抽签是指采取抽签的方式来决定最终组建的团队。这个方式需要导师根据总人数提前算好团队个数和各团队人数，并准备好抽签条，在抽签条上写上数字。比如有 10 个团队，每个团队有 6 人，就需要各制作 6 张写有数字“1”“2”“3”“4”“5”“6”“7”“8”“9”“10”的卡片，将卡片对折起来打乱顺序装入抽签箱里，在课程开始前就让学员们到抽签区抽取，抽到相同数字的学员为一组。这种方式特别适用于第一堂课，学员们对彼此都没有任何印象，也不会对彼此产生任何情绪。但是，这种方式的缺点是，可能在训练的过程中发现团队成员之间性格不合，如果遇到这个问题，队长可以利用情商课程中所教授的知识让队员们进行自我调节，往往这样的小组在训练结束时也是成长最快的。

4. 主题抽签

这种方式与“数字抽签”相类似，但抽签卡上不是写传统的数字，而是写上动物、植物、职业或其他类别，也就是在团队组建的一开始就有一个主题，导师根据主题写抽签卡片让学员们抽取，然后学员们根据所抽到的类别，以表演的方式来寻找自己的团队。比如，抽到“企鹅”抽签卡的学员都应该模仿企鹅的形态或走路的样子，当你发现与自己形态相同的队友就可以主动交流，从而辨识并加入自己所在的团队。这种方式比较有趣味性，也可以调动现场气氛，但是不适用于人数过多的团队。

团队组建成功后，队员们就需要相互认识、选择队长、确定团队队名及口号等，这个环节相当重要，需要各个团队用独特的方式使学员们深入了解自己的同伴，增进团队成员之间的感情，打破人与人之间的隔膜，增加团队的士气，为下一步活动做好准备。

训练任务 3.1

团队风采展示

各团队自选小阵地围成圆圈，在规定的时间内选出队长（如果是上文介绍的前两种团队组建方法可省略此步骤），队长推选方法由各团队自行协商。队长确定后，各团队成员逐一在团队内进行自我介绍，相互认识。时间结束后，导师抽查各团队队员是否记住了其他队员的名字。

团队在队长的带领下讨论队名、队呼（口号），并为团队排出一个团队展示的造型（如图 3.1～图 3.3 所示）。团队队长带领本组的成员一起喊出能够激励本队成员一起奋发拼搏的口号，这个口号将激励大家完成以后的所有挑战项目。要求每个团队在团队展示时既要有团队口号，又要有团队造型，同时由队长或队长推选的一名代表出列，向其他小队解释本队队名的含义和特色。

团队风采展示完毕后可以让各团队进行投票，选出“最佳风采团队”，这样可以调动大家的积极性，激发大家更有斗志地参与训练。

图 3.1　团队风采展示示例 1

图 3.2　团队风采展示示例 2

图 3.3　团队风采展示示例 3

三、团队破冰

良好的氛围是进行训练的先决条件，如果团队氛围不好，那么就会影响后面的各种活动的开展。因此，团队破冰是关键。

什么是“破冰”呢？所谓“冰”，是指人与人之间的隔阂、距离或成见，它会使我们在沟通中产生屏障，使人与人之间结上一层不易融化的“坚冰”。这个屏障会潜移默化成一种情绪（如不满、厌恶、抵触等），这种情绪会发展为各种日常行为（如斗气、不配合、相互攻击等）。而“破冰训练”便是通过一些团队游戏和身体的接触来消除团队成员之间的隔阂、距离或成见。这是一个让身体热起来，让心灵动起来的活动。

破冰训练

以下是几个有趣的团队破冰的活动，导师可以根据团队的情况开展。

1. 心灵感应

团队的成员们围成一个圆圈，面向圆心站好，导师指定一名成员做“发电机”，“发电机”需要以报姓名的方式向某位成员进行“发电”，“发电”以后，被喊到名字的人要进行快速“发电”传递，最后再回到“发电机”处(如图3.4所示)。在这个过程中，听到指令的人需要在第一时间叫出团队其他成名的姓名，而被喊到名字的人也需要在第一时间回应且继续喊出另外一名成员的姓名（不能与前面重复），依次类推。

在活动中，导师进行计时，考察团队所有成员的反应力。在这样的活动形式中让大家快速记住彼此的姓名，可以增进团队成员之间的了解。

图3.4 “心灵感应”示例

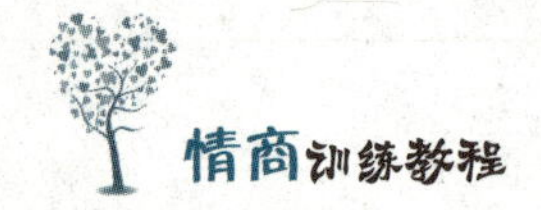

2. 抓手指

团队全体成员围成一个圆圈，面向圆心站好，然后每个成员把左手张开掌心向下伸向自己左侧的成员，把右手食指垂直向上放到自己右侧成员的掌心下（如图3.5所示）。导师发出“原地踏步走”的口令后，全体成员开始踏脚，可用“1、2、1”的口令调整步伐。当导师发出“1、2、3，开始!”的口令后，每个成员的左手应设法抓住左侧成员的食指，而自己的右手食指应设法逃掉右侧成员左手的抓捕，以抓住手指次数最多者为胜（如图3.6所示）。总是被抓到手指的成员可以接受“小惩罚”，比如唱首歌或表演一个小节目。这个活动考察大家是否集中注意力，其目的在于培养团队的默契度，营造良好的团队氛围。

3. 万里长城

团队全体成员围成一个圈，向右转，双手搭住前面那个人的肩膀，要求所有人注意听口令，比如喊“停”就停，喊“跳”就跳，喊“走”就走，喊“坐”就坐（坐时前一个人要坐在后一个人的腿上），并按口令统一做动作，反应慢的人将受到惩罚。在此过程中，每个人之间的距离不断缩短，然后当所有

图3.5 “抓手指”示例1

图 3.6 “抓手指”示例 2

图 3.7 “万里长城”示例

人都坐住后（如图 3.7 所示），导师开始倒数“10、9、8……1”，最后全体成员站起。这个活动考察团队成员的协调与快速反应，同时能拉近彼此之间的距离。

4. 桃花朵朵开

团队全体成员围成一个圆圈，每个成员代表一朵桃花，大家围着圆心转圈，导师说："桃花桃花就要开"，大家问："几朵开？"大家根据导师说出的朵数围成圈（说出几朵就围成几个圈），落单的成员则被淘汰（如图3.8、图3.9所示）。这个活动考察团队成员的反应能力，更重要的是活跃气氛，增进彼此之间的感情，达到破冰的目的。

图3.8 "桃花朵朵开"示例1

图3.9 "桃花朵朵开"示例2

训练活动结束之后，导师要给团队成员们几分钟的分享时间，让大家进行自我消化，并将感受记录到下面的横线上。之后，大家可以进行团队分享和小结。

本章小结

组建团队的过程是营造一个良好训练氛围的过程，不仅可以让学员之间相互认识、增加了解、增进感情，而且还可以打破隔阂，培养团队的士气，构建良好的团队风气，为进一步的训练打好基础。这个过程是情商训练中必须要完成的，如果越过这一步直接进入到下面的训练会明显感觉到学员们的参与性、主动性没有那么强烈，所以导师一定要让学员们彼此之间从陌生到熟悉，这个训练所需要的时间一般为两个小时左右，具体时间可根据现场具体人数确定及调整。

本章作业

制作团队标识

导师给每个团队一定的讨论时间，大家通过沟通确定制作团队标识的方案（如图 3.10 所示）。

图 3.10　团队标识示例

要求：

(1) 尽量 DIY (Do it yourself)，不要去购买；

(2) 标识要具有团队特色，能明显区别于其他团队；

(3) 具有一定的意义；

（4）方便携带；

（5）从现在到训练课程结束，每个学员都要将团队标识带到课上，以此彰显团队特色（如图 3.11 所示）。

图 3.11　团队标识展示

第二部分

让我们开始训练吧

意识到情商的重要性，以及高情商对现实工作和生活带来的积极意义，我们接下来就需要去改变低情商的言行习惯，在自己的大脑中重新构筑一个新的理念，在新理念的支配下养成新的言行习惯。

本部分是在第一部分导师对每个学员的情况有一定了解，每位学员掌握了一定的情商的基本理论，并组建好团队的基础上进行的。只有打好前面的基础，才能取得好的训练效果。

本部分主要按自省、思维、情绪、同理心和沟通五大模块进行，这五个模块是按照进阶模式设计的。自省即自我省察，很多时候我们的某些行为带给别人不愉快，都是自我意识的问题，即在我们的潜意识中并不知道这个行为会带来负面影响，因此情商训练的第一要务就是解决我们意识层面的问题。自我意识上有了改变就需要有行为的改变，可是行为受思维习惯的影响，如果我们的思维方式总处于消极思维模式下，必然会带来负面行为影响。所以，我们只有处于积极思维模式下，才能控制好自己的情绪。在良好情绪的支配下，对同理心的培养有助于我们与他人有效、愉快地沟通，更好地解决问题、营造氛围、增加感情。

此外，本部分还特别设置两个综合训练，分别是前期综合训练——综合训练（一）和后期综合训练——综合训练（二）。前期综合训练安排在课程的中间阶段，主要以“寻标”为主，即团队通力合作完成指定任务。这是对团队合作的一个磨合，通过这次团队训练，学员们可以了解各自的情商能力，为下一个训练阶段打下基础。后期综合训练安排在整个训练课程结束后进行，是对课程内容的总结和综合应用。通过各种团队任务检验学员们对不同的情商能力的掌握情况，也让学员们产生一定的反思，在日后学习、生活、工作中注意改善。

第4章
提高情商从自省开始

要提高我们的情商能力，一定先要了解自己，尤其是了解自己心理的情感诉求。我们是否能接受真正的自己？能接受自己的哪些方面，不能接受自己的哪些方面？在我们的内心深处，我们介意什么，又渴望什么？这一章的训练将为我们揭晓答案。

自省是对自己的省察，省察自己的情感，找到理想自我和现实自我之间的距离，改善情感的认知并学会情感管理。每个人都有对情感的需求，一旦这样的需求无法得到满足，就容易滋生很多负面情绪，而这些是不利于情商能力的提升的，并且也不利于人际交往。所以，我们需要让自己的情感得到释放，并不断地开发和满足它，在这个过程中培养自我核心价值，这是提高情商的第一步。本章将从以下五个方面进行训练。

一、辨别自己的情感

（一）认识自我

美国心理学家卡尔·罗杰斯（Carl Ransom Rogers）主张“以当事人为中心”，强调人要具备自我调整以恢复心理健康的能力。这一治疗方法注重对自我潜能的挖掘和尊重，通过对当事人的积极关注，让当事人最大限度地进行自我理解，改变外界对自我和对他人的看法，产生自我指导、自我恢复、自我实现的行为。

卡尔·罗杰斯将自我世界分为理想世界和现实世界，理想自我和现实自我存在一定距离，当理想和现实的距离越大时，自我越焦虑，负面情绪就会越多，因此情商中提及的认识自我，不仅是认识当下的我，而且还要打破现实对理想自我的束缚，挖掘出理想自我的真实需求。只有真正区分理想自我和现实自我，理性地将两者进行融合，尽可能减少两者的距离，才可以缓解负面情绪对自我情感的影响，从而更好地控制情感。由此可见，在认识自我的过程中，每个人都需要找到理想自我，让理想自我和现实自我尽可能合一，它们之间的距离越小，自我的情绪就越平和，自我就越容易有幸福感，这些对提高情商具有积极意义。

训练任务 4.1

了解我们的内心

请你在下面的 6 幅图中根据第一直觉选一幅自己最喜欢的图片，并将图号写在下面的横线上，然后扫描旁边的二维码查看参考解析。

参考解析
4.1

☆点拨提升☆

参考解析的内容并非是绝对的，但是希望能帮助每个人找到自己、认识自己，对自己有一个大概的了解。也许结果中所反映的性格是你从未发现的，那么能否将其从潜意识中唤醒呢？也许参考解析中所反映的性格你不曾认知，那么你可以辨析一下自己是否真的是这样的？在这个过程中你可以看到一个更加真实、坦然的自己。

训练任务 4.2

请对自己进行省察，然后在下面的横线上写出自己的优点和缺点，训练自我认知 。

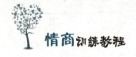

优点：

缺点：

☆点拨提升☆

回头看看自己写的优点和缺点，如果你的缺点多于优点，那么从认知角度看，你对自己可能不够认可，性格偏悲观；如果你的缺点极少，甚至空白，只有一堆优点，那么从认知角度看，你可能比较自我，过于自信。

在这一章的训练中，我们要在导师的帮助下，正确、客观地认知自己的优点和缺点。

训练任务 4.3

自我认知：读懂自己的位置

请在下图餐桌上的四个位置中选择一个你喜欢的座位，将所选答案写在下面的横线上，然后扫描旁边的二维码查看参考解析。

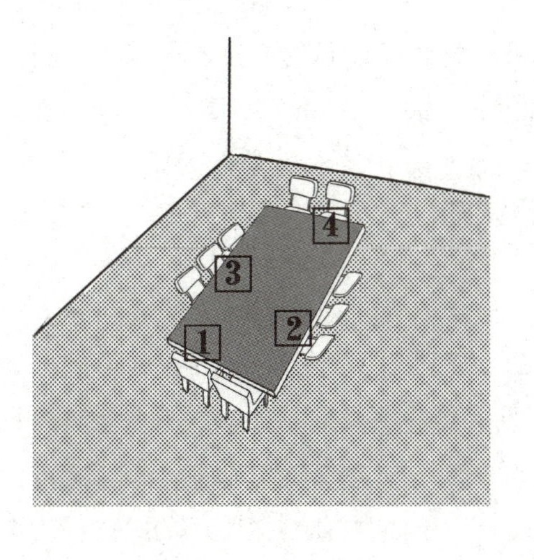

参考解析
4.3

每个人生来都不是完美的，或多或少都有一些“瑕疵”，我们一定要学会坦然接受，当我们真正地愿意接受自己的“瑕疵”时，就会以良好的心态去面对、改善它们，去突破自我。这是一个了解自己的过程，能让自己变得更好，获得更多的快乐。所以，我们每个人要先认清自己，尤其是自己的缺点，学会接纳完整的自己，做一个积极乐观的人。

（二）勇于接纳自我

当我们发现理想自我和现实自我之间的差距后，不应产生悲观、消极的情绪，要勇敢地接纳真实的自己。

(1) 勇于接纳、认识自己的经历。很多时候因为过往不愉快的经历，我们不愿意接纳自己，内心会产生排斥感，久而久之这种自我敌对情绪就会不断地加深，从而滋生自卑、消极、悲观等更多负面的情绪，这样的负能量会使我们对生活失去动力，也会令周围的人倍感压力。所以，要提高情商，必须要先学会接纳自我，无论是令我们高兴自豪的事，还是令我们挫败沮丧的事，我们都该坦然面对，正确认识，找回自信，重塑信念。

(2) 活在当下，接受过去。接纳自己，就是不仅要接纳自己的优点，还要接纳自己的缺点，认清自己的问题，尤其对于过去不要耿耿于怀，而要释然开朗，多把感受放在对当下事物的关注上，立足当下，珍惜当下，体验当下。

(3) 相信自己，做自己认为正确的事，顺其自然。当我们接受了自己，并接受了过去，那么我们的心中就会重燃希望，对未来充满动力，而未来一切愿景的实现都是依靠我们对自己的肯定。所以，一定要相信自己，自信的人总能让他人感到阳光和力量，但不要自傲。

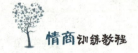

二、改善情感认知

改善情感认知，是指人们回到情感最真实的状态，聆听自己内心最真实的声音，而不是受控于外界的束缚。当情感被外界控制而无法敞开心扉做自己想做的事时，这就是“情感绑架”，即用道德感、过往情感经验或不为人知的因素等威胁情感当事人，使其情感受到限制。当我们处于情感绑架中时，情感认知是存在偏颇的。与情感绑架相类似的另一个概念是“情感劫持”。情感劫持是指情感受到我们某一时刻的情绪影响，并脱离了本该有的理智思考而做出了一些非理性的反应。一个人在情感劫持下做的事情通常都是比较冲动、欠思考的。情感绑架是被动地被控制，且情感本身是处于“绑架”的不安全状态下，而情感劫持是主动受到情感的支配。这两种状态都会使我们的情感迷失，所以都不是理想状态，必须要改善情感认知，找回真实自我。

情感认知是指人们关注自己的内心思想状态，觉察自己的情感变化，理性控制情感，不受到情感绑架或情感劫持的影响，让情感不要总停留于无限的想象空间里，而应该多关注客观存在的，即眼睛可以看到的、耳朵可以听到的真实世界。

改善情感认知，就是要认识情感、辨别情感，因为情感不是一成不变的，而是随着个体的经历、成长的境遇、人生的际遇在不断地发生变化，不断地趋于稳定和成熟。情感认知的能力也会随着人生阅历的增加不断地完善，要提高情感认知的能力，可以从提高自我意识能力、自我激励能力、情绪控制能力、人际交往能力和抗压能力开始。

(1) 提高自我意识能力。我们只有先了解自己，不断增加对自己的认知，才能更好地梳理情感，认识情绪。

(2) 提高自我激励能力。我们内心深处想要实现某种希望、愿望，需要通过自我激励获取动力，激发热情。

(3) 提高情绪控制能力。无论发生什么事，我们都要维持良好的情绪状态，保持积极、乐观、自信的心态，避免不良的情绪对我们产生的影响。

(4) 提高人际交往能力。人际交往能力在我们的情感能力中扮演着十分重要的角色，我们的生活、学习、工作都离不开与他人的交往，所以良好的人际关系是十分重要的。

(5) 提高抗压能力。抗压能力也是我们情感能力的重要组成部分，同时也是提高我们情商的动力和基础。提高抗压能力能够让我们勇于面对挫折，正确地看待失败。

改善情感认知强调的是将情感注意力放在自己身上，注意提高自己的情感支配能力，但这并不意味着只关注自己，或是要求别人去关注自己，不能因为改善情感认知而变得自我、自私，更不能认为所有人都必须对自己好，认为其他人对自己的付出都是理所当然的。

训练任务 4.4

请导师播放或学员从互联网上搜索寇乃馨的演讲视频——《爱的真谛》，学员们观看后在下面的横线上写下自己的感受。

____

____

____

____

____

____

☆点拨提升☆

我们每个人都渴望得到温暖，这是正常的情感需求，可是在情感的世界里，我们是否想过温暖是相对而言的呢？情感的世界不可能是一味地索取，有付出才有收获，所以爱是双向的。只有将情感的大门打开，更多地给予，看到别人快乐，你也会收获更多的快乐。因此，提高情商不只是为了拥有自我的快乐，也是希望用我们的行动带给别人快乐，与此同时我们也能收获更多的快乐。

三、管理情感

我们认识了情感就要开始管理自己的情感。心理学家发现，人对自己情感的管理实际上是一种能力的体现，这种能力对一个人事业的成败起着很关键的作用。为什么有些人智商很高却没有什么显著成就，原因往往是他们的情感管理能力比较低。管理情感就要从学会控制情感开始，培养自我控制力。

那么，如何培养自我控制力呢？

(1) 认知情感。

培养自我控制力，第一步就要了解自己在什么情境下会失去自我控制力。据观察，人们往往是在情感受到伤害、情绪剧烈波动时，最容易失去自我控制力。因此，我们先要学会认知自己的情感，知道自己的情感诉求，了解不同的情感可能会带来的不同的情绪反应，在情感失控之前先做好情感分析，理性地认知情感，避免被其控制。

(2) 主动应对。

当我们的情感失控时，我们的语言和行为极容易走向极端。不受控制的语言和行为是具有很大伤害性的，对自己和他人都会产生恶劣影响，因此，我们不能任由情感肆意发展，成为“我已无法控制”的状态。要培养好自我控制力，就一定要主动、有意识地采取策略来应对和调整自己的情感状态。

(3) 积极的心态。

主动选择控制情感，进行情感管理，做出恰当的反应，这是一种自信的表现。勇于面对问题、承担问题，并积极解决问题，让自己抱有积极的心态，还是培养自我控制力很重要的内容。积极的心态会令情感朝积极的一面发展，进而情绪也会逐渐稳定，我们与人交流会更加主动和阳光。

(4) 转化思维。

每个人在不同情境下会有不同的思维方式，而在不同的思维方式的作用下会呈现不同的行为，因此在自我控制力的培养中，要学会根据情境转化思维，灵活合理地应对各种状况。不要用固有思维模式思考问题，我们一旦陷入思维僵化模式中，就容易钻牛角尖，不利于自制力的培养。

☆点拨提升☆

管理情感需要理性思维和感性思维的共同作用。感性思维作用下的情感是我们生理、心理的正常反应，但它容易不受控制，极易带来情绪的波动；而理性思维作用下的情感，可以意识到情感的变化，辨识出情感产生的原因，了解情感本身的真实诉求，但却容易失去情感本身所具有的元素。所以，两者相辅相成才可以令我们的情感朝正向化发展。当然，管理情感并不意味着压抑情感，因为长期处于压抑状态下的情感是容易出现问题的，所以我们对情感的管理应该处于非压抑的状态下。建议自控力较弱的人可以将自己需要控制的感受写下来，写的过程就是一个促使自己思考的过程，可以帮助自己走出负面的情绪，从而理性地对待问题；另外，向朋友倾诉也有类似的效果。

四、开放情感

要开放我们的情感，首先就要了解我们的情感，包括自己已知的和未知的情感。因此，我们先要将情感调至“开放模式”，然后打开心扉，放开自我，实现情感的积极互动。

美国著名社会心理学家约瑟夫·勒夫特（Joseph Luft）和哈林顿·英格拉姆（Harrington Ingram）提出了著名的“约哈里窗户理论”，这一理论是用窗户式的图形表现自我知觉和他人对自我的知觉的四种心理模式（见图 4.1）。该理论可以帮助人们正确认识自我情感，改善人际关系，提高人际交往的能力。

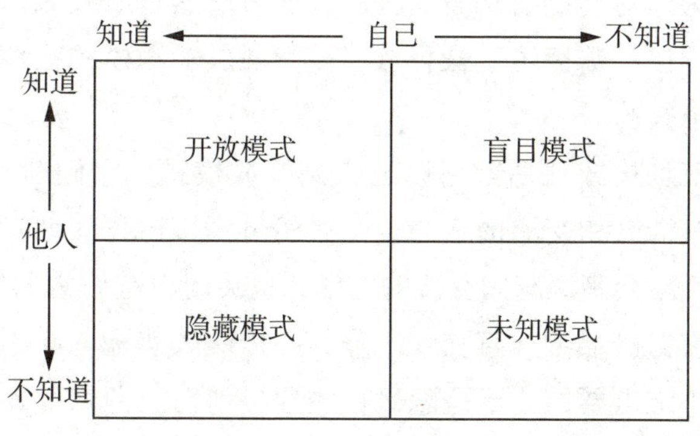

图 4.1　约哈里窗户理论

(1) 开放模式。此模式下所分享的信息是大家都知道的，可以是眼睛直接看到的，也可以是给予他人的真实感受，这个感受来源于个体真实的语言行为、情感诉求。这种模式多为个体自己的主动分享，个体越主动开放自己，对方就越能更好地认识你。在不断开放的过程中，个体也在对自己进行新的认识。

(2) 隐藏模式。此模式下的信息是自己知道，但别人不知道的，比如我们常有的焦虑、担忧，可能别人并不知道，但是你自己很清楚你在焦虑什么、担忧什么，这就是隐藏模式下的情感。这种隐藏模式是可能转变成开放模式的，一旦将自己的焦虑、担忧等隐藏的情感告诉他人，与他人分享这部分感受时，就会自动启动“自我泄密”模式。这样的“自我泄密”在人际交往中并非坏事，对培养自我意识很有用，且可以拉近彼此之间的距离。当你愿意把隐藏的情感进行开放时，也表明你对过往感受的一种接受。

(3) 盲目模式。在此模式下，自己是意识不到自己的状况的，而他人可以了解到，所以盲目模式的“盲目”是针对自己而言的，这个时候只有自己处在“盲目”中。举一个简单的例子：小张中午吃完饭，牙缝中残留了一片小菜叶，可是他自己却不知道，但是别人可以看到，关于这个信息小张就处于盲目模式；如果别人告诉了他，那么盲目模式也就转化成为开放模式了。

(4) 未知模式。在此模式下，自己和他人都不知道关于“我”的东西。比如，小李是一个性格胆小懦弱的人，班上的同学一直不太喜欢他。可是有一次他在大街上帮助了一位遭遇抢劫的老奶奶，并因为与歹徒搏斗而受了伤。小李也没想到自己在关键时刻有勇气挺身而出；而他的同学更是没有想到他会这样见义勇为，对他刮目相看。因此，这份情感是所有人，包括小李自己都不知道的，它在特殊情境下被释放、被发现。未知模式在特定情境下是可以转化为开放模式的。

因此，后三种模式最后都可以进入到开放模式。它们向开放模式转化，是我们主动分享情感和交流情感的一个必然过程，这之间就实现了情感的双向互动。这种互动会带来双向交流的信任，也会促成有效沟通的实现。例如，小陈向小李透露自己最近一直在找工作，心情比较焦虑，而小李正巧知道一些就业信息是小陈需要的，于是隐藏模式通过“自我泄密”转化成了开放模式。通过情感的开放，小陈得到了自己需要的就业信息，于是焦虑的情况也得到了缓解，实现了有效沟通。盲目模式常常是交往中最难攻克的，但是一且被攻克，情感就会得到升华，即被理解、被尊重、被肯定。例如，懦弱、自卑、贪婪、虚荣、消沉、愧疚，这些可能是我们身上存在，但却很难被自己承认的问题，如果能正确认识自己，并坦然接受，那么盲目模式也会进入到开放模式，有助于我们在人际交往过程中同理心的培养。

特别要说明的是，开放情感不是随意开放。虽然开放情感有助于交流，但是不适度的开放情感也会令自己受到伤害，所以一定要根据不同对象、不同情境灵活安排，把握适度原则。适当地开放情感会带来情感的自由排解，有利于身心健康。总之，愿意与他人分享感受对自己非常有益，它可以帮助别人理解我们的思想和行为，并且使我们对自己的所感、所说和所做也会更加自信。

五、培养自我核心价值

每一个高情商的人都有对自我核心价值的要求，通过培养自我核心价值，我们可以更好地正视自己。当然，这些核心价值不仅仅是提高情商的人需要具备，我们每一个人，为了展现个人的魅力，赢得更多人的尊重和信任，都需要具备这些核心价值。

1. 正直善良

人品是一个人进行社会交往的关键，尤其是当你在与他人交往时，人格魅力的展现是十分重要的。伪善之人或许在特定情境下能获得他人的好感，但是具有短暂性，一旦长期接触被他人识破后，将会造成极不好的影响。所以，我们应该发自内心地、真诚地与人交往。

2. 拥有积极的心态

我们在一生中总会遇到一些误会，即使你在帮助别人，有时候也不一定能得到对方的肯定，有的人还会用有色眼镜去解读你善良的行为。对于委屈和误解，我们要用积极、阳光的心态去面对。我们做事情的原动力并不会因为对方的想法而改变。我们应该激发自己内心的热情和渴望，相信世界上的大部分都是美好的。

3. 有一颗感恩的心

我们要珍惜自己所选择的，爱惜自己所拥有的。懂得感恩的人，会更有责任感、谦卑感、同理心，会更有担当、有勇气、有情怀，而这些都是提高情商在自我世界构建中必备的核心价值。

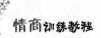

所以，当我们省察自身，更清醒地认识了自我后，也要努力挖掘自身的核心价值，注重培养自我价值，更好地从行为处事上温暖别人，温暖自己。

总之，做一个高情商的人，在德行上应对自己有更高的要求，使我们能够回归本真，以真善美的视角看待这个世界，发现生活的美好，发现他人的闪光点。多与人为善，这样不仅可以减少人与人之间的摩擦，而且可以营造良好的和谐氛围，在给予别人帮助的同时，自己也会收获别人给予的温暖。

训练任务 4.5

1. 善待自己：爱自己才有资格要求别人爱你

▶ 团队讨论：你们平时都是怎么善待自己的？善待自己的行为方式有哪些？请在下面的横线上写下你认为好的善待自己的方式，并与团队其他成员分享。

____

____

____

____

____

2. 认识自己：从心出发了解自己

▶在下面的横线上写出你自己的优势和劣势，并想出几种可以将劣势转为优势的方法。

____

____

____

____

____

3. 尊重自己：学会肯定自己

▶ 以团队为单位分享自己的成就，当聆听其他队员的成就时，你应该积极给予对方反馈，如“太棒了”“了不起”“很优秀”“心理素质很好”等。

4. 自我认知测试：与自己的心对话

▶ 从下面的八只眼睛里凭第一印象选出你最喜欢的那只，然后扫描旁边的二维码阅读参考解析，更好地认识自我。

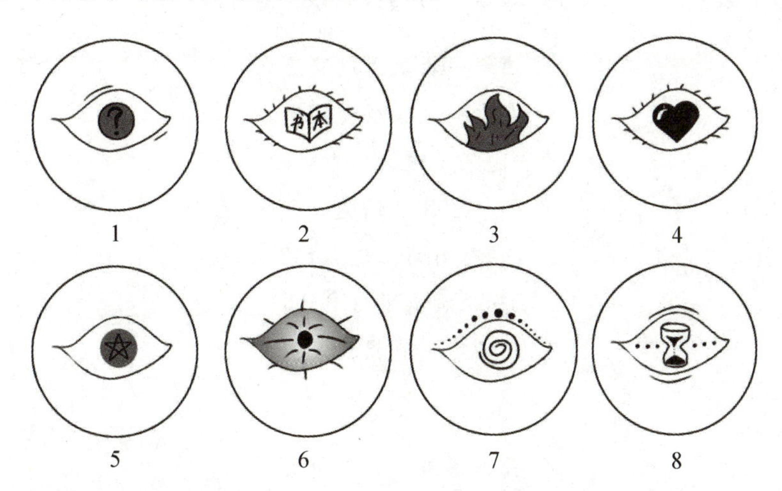

参考解析
4.5

训练任务 4.6

活动主题：欣赏自己

▶ 活动理念：正视过去的伤害、今天的自己、未来的精彩。

▶ 活动道具：准备好背景音乐《天空之城》。

▶ 活动要求：参与者在黑暗的空间内（如果在教室就将灯关上、窗帘拉上）进行这个训练。参与者以最舒适的方式趴在桌子上，导师播放背景音乐《天空之城》，然后导师以轻缓的声音朗诵诗歌《给自己的一封情书》。

给自己的一封情书

一路走来，

兜兜转转，跌跌撞撞，

以为只要心中有爱，
便可以收获温暖；
以为只要一直坚持，
就可以看到希望。

于是执拗、倔强，
哪怕遍体鳞伤也依然始终如一。

泪水一次次滑过脸庞，
身心一次次感受疲惫。
一遍又一遍的折磨之后，
才恍然惊觉，
何时好好爱过自己？
如果没有爱过自己，
又有何资格说爱？

对着镜子微微笑，
你也不差，你也挺好。

天冷了自觉加衣，
生病了主动吃药，
觉得累了，休息休息，
这般简单。
可又何时给予自己，
好好爱这个世界唯一的自己。

与其把希望寄托在别人身上，
奢求别人给予我们想要的幸福，
不如让自己活成自己渴望的样子，
好好爱自己。

所以如今，
致亲爱的自己。
你不是只有自己，

你还有身后强大的影子在支撑着你，
你还有无限的力量在等待爆发。

你不是没有人喜欢，
但首先你要先学会喜欢自己；
别每天把责怪自己挂在嘴边，
不是你太懦弱，
而是外界太强势。
不要责怪自己的肤浅幼稚，
你只是太容易感情用事。

你要相信，
你的努力，
一定会让你收获温暖。

我不差，我很好。
所以如今，
我要好好爱这个世界上唯一的自己！
温暖情书，我已收到，
努力，便安好。

▶活动说明：随着音乐和参与者的情绪的变化，导师可以根据需要添加内容，从童年记忆、父母的不解到友情、爱情，以及未来的迷茫，以唤起参与者的记忆，让参与者在脑海中浮现这些记忆带给他们的伤害，再从参与者情感缺失的这部分触动他们的情感需求，让参与者学会爱自己。这是一个情感释放的过程，在活动的进行中参与者会有很大的情绪波动，会出现抽泣、哽咽等行为，这些均属正常现象。

本章小结

通过本章节的学习，我们要学会辨识理想自我和现实自我，尽可能缩小它们之间的差距，以帮助我们更好地认识自己的情感。认识情感后就要开始管理我们的情感，所以培养自我控制力和自我核心价值就显得尤为重要。这是我们进行情商训练的基础，如果我们对自己都没有一个清楚的认识，不知道如何去改变自己、突破自己、历练自己，那么提高情商就只是一句空话。提高情商，从自省开始。

本章作业

1. 写一封《给自己的情书》

在我们过去的人生中，我们渴望爱，也会给予爱，可是你是否注意到那个很努力又可能受过伤的自己呢？这个自己是否过得幸福？这个自己有多久没有开怀大笑，有多久没有做自己想做的事情？这么多年，我们真的有关心过自己吗？请你给自己写一封情书（如图 4.2 所示），用心回望下过去的经历，好好拥抱下那个努力的自己。这封信件不限字数，可以不公开，所以希望大家可以发自内心真诚地与自己的心灵进行沟通。通过这个训练，希望大家学会认识自己、善待自己、尊重自己、欣赏自己。

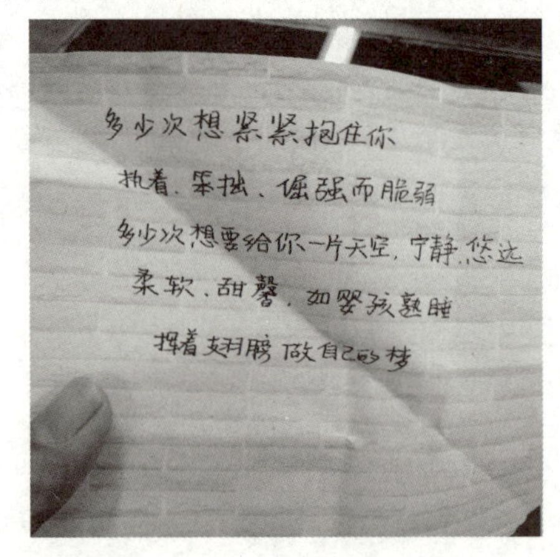

图 4.2　学员给自己写的情书

2. 第 5 章“综合训练”进行寻标准备

准备礼物（给其他团队）、寻找藏礼物的地方、拍摄藏礼物地点的照片、设置任务卡（三个任务）。

作业说明：导师需要在本节课结束前向学员们告知寻标活动的基本事宜（见第 5 章），明确布置需要完成的任务。

第5章
综合训练（一）：寻标

我们认清了自己的情感诉求，这对之后的训练到底有什么作用呢？这一章就会给大家一个答案。本章将通过一个经典的团队活动让大家在执行中体验和感知自己的心理需求、情感诉求以及情绪变化，观察自己的语言行为方式在不同的情绪作用下有什么不同的表现。

这一章主要通过让学员亲身实践、全情投入、用心感知，实现学员对自己的审视和反思，并对上一章的学习内容进行消化。相信这一章的团队训练一定会带给每个学员之间、团队之间特殊的触动和思考，期待每个团队都能有精彩的表现！

首先让我们一起认识下什么是寻标。

寻标是指通过团队合作的方式完成各个关卡的任务，寻得标的，最终赢得团队胜利。因此，在寻标时团队内部如何分工、如何沟通、如何协调、如何组织都非常重要。寻标综合考验了团队成员的情绪控制能力、组织协调能力、心理调适能力、沟通表达能力以及责任感。团队成员需要承担责任、相互鼓励、突破自我才可以完成任务。因此，该活动也是对各团队成员的情商水平的检验。

通过寻标，团队成员之间会增进了解，学员们通过课程内容和训练活动进行自我调整和改进，这对提高学员自身的情商和营造良好的团队交流氛围而言都至关重要。寻标是情商训练的重要阶段，这个阶段既是学员对自身的重新审视，又是学员情商实战训练的开始。

一、寻标的准备工作

1. 制作礼物

这个礼物就是寻标活动中的标识，它要求每个团队自己制作。每个团队在寻标活动开始前并不知道这个礼物会送给哪一个团队，礼物制作以用心制作、有创意为核心。

2. 确定掩藏礼物的地点

礼物掩藏的地点由各团队在队长的带领下讨论后决定。因此，导师要尽量在课程设计中安排一个时间让团队的成员进行讨论并有时间去勘察场地，最终确定好自己团队掩藏礼物的地点并拍照记录下来。在地点的选择上，需要导师事先设定好范围，各团队需要在这一范围内寻找本团队掩藏礼物的地点。为了避免各团队选择地点重复，导师可以事先做一些写有方向的抽签条（如东、南、西、北）让团队队长抽取。

3. 各团队设置任务卡

每个团队设置三个任务卡，任务卡所安排的活动要求不能有危险性，不能有人身攻击的内容；可设置与体能、智能有关的一些考核，但是要求在学员的可承受范围内。任务卡的活动应具有可操作性，不要过于复杂，更不能故意刁难，可以由团队中的一人或几人完成，也可以由团队全体成员共同完成。

二、寻标的任务

(1) 团队全体成员寻找掩藏在指定地点的神秘礼物，用时最短的团队获胜。

(2) 每个团队获得三张任务卡。每完成一张任务卡上的挑战任务，该团队可以获得关于掩藏礼物的地点的一个提示。三张任务卡不能一次全部使用，每张任务卡使用的间隔时间至少 5 分钟。

(3) 团队寻找到神秘礼物后，所有成员必须返回出发地点，如果少了一个人都不算完成任务。团队成员全部到场后结束计时，寻标任务完成。

三、寻标说明

(1) 每个团队共同讨论用自制的方式制作一个神秘礼物。该礼物是送给其他团队的，请本着尊重、有心意等信念制作该礼物，切忌随便应付，敷衍了事。因为自己的团队也会收到其他团队的礼物，所以一定要重视礼物的制作。

(2) 每个团队根据抽取的方位利用课外时间考察场地、拍照，确定最终掩藏礼物的地点。

四、寻标的过程

(1) 在寻标活动开始前，以抽签的形式在现场决定哪一个团队寻找哪一个团队准备的神秘礼物。

(2) 每轮活动不限时间，在活动准备阶段导师要提前公布活动规则，规

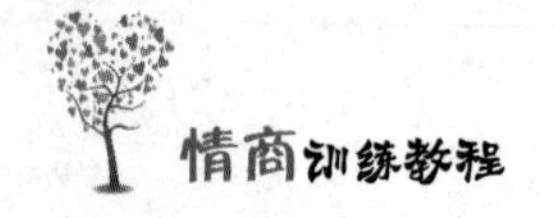

定最终用时最短的团队获胜，用时最长的团队接受惩罚。

(3) 寻标的团队进行挑战时，可在未参加本轮活动的团队中抽取一个团队作为评判员负责监督寻标的全过程，并用手机以拍照或摄像的方式进行记录。对于团队进行任务卡挑战活动的执行要尤为关注，以保证任务完成的公平性和公正性。

五、寻标的结果

1. 给获胜团队颁奖

统计每个团队的活动用时，用时最短的团队获胜，并给获胜团队颁发奖品。

2. 学员总结

每个学员写出自己存在的问题，以及怎样做可以令团队更好。

3. 团队讨论并回答以下问题

(1) 哪些因素支撑大家坚持完成活动?

(2) 寻标过程中团队遇到的困难有哪些?

(3) 大家是如何克服这些困难的?

(4) 你在这次寻标中扮演了什么样的角色?

(5) 这次寻标分别锻炼了大家的什么能力?

(6) 你对这次寻标的结果还满意吗? 为什么?

(7) 你是否感觉有做得不满意的地方?

(8) 大家是否具有不同或相似的解决问题的方法? 你是如何利用团队队员的差异性和相似性的?

(9) 当团队意见不合时，大家是怎么解决的?

(10) 你是如何定义“成功”的?

六、寻标总结：认同鼓励

1. 发现问题——你有情绪吗

当团队进行的是你不喜欢、不擅长的任务时，或者当你在任务进行过程

中遇到困难时，你有情绪吗？描述一下当时的心情，并写在下面的横线上。

____

____

____

2. 解决问题——你如何克服自己的负面情绪

当你产生负面情绪时，你是如何突破自我，克服情绪，说服自己积极参与，配合团队完成任务的呢？请写在下面的横线上。

____

____

____

3. 肯定别人——发现别人的优点

训练活动的最终结果与团队中每一个人的付出是紧密相关的。我们应该肯定每一位团队成员的付出，发现他们的优点。善于肯定和赞美别人，这对增强团队的凝聚力有积极意义。

4. 改变自己——转换思维

用积极的思维方式思考问题，即便我们产生了负面情绪，也可以转换视角。比如，面对不喜欢的任务可以把它看作是对自己能力的挑战，那么我们会更有参与的动力。任务完成后，我们不仅突破了自我，而且增加了团队的士气。

训练任务 5.1

互动总结——“戴高帽”

▶活动说明：经过寻标活动和这段时间团队成员之间的相处，我们要学会发现别人身上的优点。

▶具体操作：以团队为单位围成一个圆圈，每一位成员轮流站在圆圈中

间，其他成员轮流先与这位成员握手，然后将自己发现的这位成员的优点大声地告诉对方，后面成员说的优点不能与前面的重复（如图 5.1 和图 5.2 所示）。以此类推，让每一个人都感受一下被人称赞的感觉。

图 5.1 “戴高帽”示例 1

图 5.2 “戴高帽”示例 2

“戴高帽”这种方式可以帮助大家树立自信，使其内心更加阳光，增加团队的凝聚力。但是一定要注意，大家对团队其他成员的称赞一定是真心实意的，切忌言不由衷。这个活动也可以培养大家发现美、感悟美的能力，为下面模块的思维训练做铺垫。

☆点拨提升☆

通过寻标活动，团队成员们从陌生到熟悉。从为其他团队准备礼物开始，整个团队就开始磨合，大家需要通过沟通了解彼此的想法，需要通过集思广益确定方案，需要通过明确的组织协调安排好活动分工。团队因寻标活动建立了较为默契的关系，这不仅锻炼了团队成员的组织协调能力、沟通表达能力、应变能力、情绪控制能力，而且提高了大家的动手能力，激发了团队的创新意识和协作精神。良好的团队氛围对学员成长、团队发展都有积极意义。

本章小结

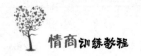

寻标训练，是一个团队合作的综合性活动，团队成员们要一起完成各种任务关卡。但是，当你遇到自己不喜欢、不愿意做的任务时，如何说服自己完成，这就是对我们情商能力的一种考验。整个寻标活动，需要团队成员不断地沟通和协商，这也是团队的第一次磨合，是对团队成员情商水平的第一次检验。

本章作业

通过本章的综合训练，各团队的成员之间有了一系列互动，使大家彼此之间有了一次相对深入的交流。在互动中，有的团队之间配合很默契，有的团队之间还存在明显的分歧，而在互动的过程中一种叫作“情绪”的东西一直存在并不断地发生变化。请结合自己的真实体会，谈谈你是否在活动过程中产生过一些情绪，以及产生这些情绪的原因，并在下面的横线上记录下在完成寻标任务中给你印象最深的一个场景，以及当时你的感受。

第6章
情商由思维决定

通过本章的学习，我们可以认识到积极思考的价值，探究不同的思维方式如何影响我们的情感，学会挑战消极思想，了解决定情感反应的是看待事情的角度，而不是事件本身。

很多从未接触过情商相关知识和未进行过情商训练的人，容易把高情商和世故圆滑混为一谈，认为“高情商”就是所谓的“会说话”“会做人”，但是二者有本质上的区别。世故圆滑指的是在特定目的驱使下，去做一些违背自己本心的事和说一些言不由衷的话，一旦目的达到后，表现出的言行也随即消失。提高情商的终极目标是使我们生活得更加快乐，如果我们总是违背自己的本心去说自己不认可的话、做自己不认可的事，内心长期处于压抑的状态，是不可能真正提高我们的情商的。

那么，如何做到真心实意地赞扬别人、欣赏别人，远离“世故圆滑”，使我们的人际关系更加融洽呢？这和我们的思维方式有很大的关系。

如果你的眼睛看到的是一把尖锐的刀，那么这把刀第一个伤害的是你的眼睛，让你觉得痛苦、难受；如果你的眼睛看到的是温暖的阳光，那么阳光第一个温暖的是你的眼睛，然后你也会将温暖带给别人。因此，如果你看到的多是别人的闪光点，那么你也会越来越喜欢和这个人在一起，沟通的氛围也会愈加融洽，有利于促进人际交往。

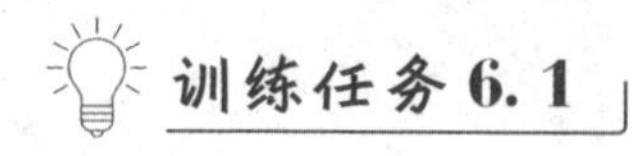

团队思考

请学员们对以下四种场景进行想象，如果自己发生下述事件，你在第一时间的反应是什么？请分别写下来。

▶突然不停地打喷嚏……

▶走在路上摔了一跤……

▶得知被同学/同事出卖……

▶男朋友/女朋友与你分手……

“打喷嚏”时有人常常在第一时间想到“是不是有人在说我的坏话”？而这就是一种消极的思维方式。如果你想到的是可能有人在想你，那么你的大脑里占主导的将是积极思维。

“摔跤”时人们的第一反应常常是“今天很倒霉”，可是如果换个角度想“还好没有受伤，问题不大”，心情肯定会不同。所以，你的思维方式怎么样，决定着你看问题的角度，决定了你一天的心情。

得知自己“被同学/同事出卖”的第一反应常常是很愤怒，觉得自己被伤害了，不再相信他人。可是，我们如果换个角度想“还好让我现在就认清了这个人，事情还没有发展得更糟糕”，你的感受肯定会不同。

“男朋友/女朋友与你分手”和“被同学/同事出卖”情况相类似，都是一件让人觉得很受伤的事，可是如果换个角度想“幸好现在发现我俩不合适，如果结婚以后才发现，那么我就会更痛苦了”，或许你的心里就不会那么难受了。转变我们的思维方式，从积极的角度思考问题，可以从中看到正面的力量，这充分说明思维方式对人的影响是相当重要的。

如果我们长期处于消极思维中，不仅性格容易悲观消极，做事没有动力，缺乏主动性，而且会缺少朋友，导致自闭和抑郁，久而久之，生活也会进入一个循环往复的负能量圈子里，对身心有极大的损伤。而如果我们长期处于积极思维中，不仅性格会活泼开朗，做事充满动力、热情主动，善于交流沟通，而且可以带动周围的人都沉浸在正能量的氛围中，对自己和周围人的身心健康都有积极意义。

一、积极思考的价值

思想乐观，情绪也就积极了。美国心理学专家丹尼尔·戈尔曼和马丁·

塞利格曼（Martin E. P. Seligman）强调，人不管是在处理消极情绪还是建立积极情绪上，思维方式都很重要。一些经常忧虑的人在工作或学习的时候，执行效果往往很差。因为在他们的思维里有个声音——“我做不好”或是“这件事不是我擅长的”，常给自己消极的心理暗示，肯定会影响工作或学习的热情，降低工作或学习的效率，长此以往就会导致他们对工作或学习有厌恶抵触的情绪，自然也不会获取工作或学习的成就感、满足感，生活的幸福感也离自己远去。

训练任务 6.2

▶团队讨论：如何能有效地减少消极思想？请在下面的横线上写下你的见解。

▶活动说明：各团队成员在规定时间内以团队为单位逐一发表自己的见解，然后由队长归纳总结出本团队的几点好的建议，稍后各团队推选出一名代表给全体学员进行分享。

____

____

____

____

消极思想长期停留于大脑中，不仅会影响自己的心情，而且会影响整个人的状态，长此以往必然滋生负面情绪，既不利于自我的身心发展，也不利于良好氛围的建立。

马丁·塞利格曼指出，人思考问题的方式会影响人的情绪（积极或消极）。我们有些人习惯性地带着悲观的思维方式，消极情绪也就随之产生，积极情绪只能退后。

运用如下方法可以帮助大家缓解消极情绪，尽快平复心情：

（1）肌肉放松法。

该方法通过使自己全身的肌肉有序地“紧绷→松弛”，从而达到全身心放松、缓解情绪的效果。具体做法是：紧握拳头，感受手和臂膀的紧张感，保持5秒钟后放松，接着再紧握、再放松，如此循环，直到感觉自己的情绪有所缓解。快速的放松练习，可以减少身体对忧虑的反应度。在许多人的印象中，放松就是在一个安静的环境，听着舒缓的音乐或是海浪声、鸟鸣声，平静一下自己的情绪。这种方法固然好，但有时候消极情绪突然来了，你就需要一种快速见效的方法，而肌肉放松法就是这种理想的方式。

(2) 呼吸调节法。

当我们感到不被理解、不被尊重，受到了负面情绪的突袭时，一定要意识到情绪失控的后果，并采取方法让自己尽快地平静下来。在这里，我们推荐一种不受场地和时间限制的方法——呼吸调节法。当你感觉到自己的情绪有些激动时，可以先快速地大口呼气，然后渐渐放慢节奏，可以伴随适当的吐气做辅助练习，直到自己的情绪平复下来为止。在这个过程中，你要尽可能把所有注意力放在自己的呼吸上，身体尽量放松。呼吸调节法对快速缓解消极情绪有积极的作用。

(3) 轻松解压法。

在如今快节奏、高压力的社会中，许多人的身心长期处于压抑状态下，而长期如此会影响我们的心情，滋生许多负面情绪，因此，建议大家在学习、工作之余，使用轻松解压法来缓解各种压力，多挖掘自己诙谐幽默的特质，抑制消极情绪的产生。比如，我们可以通过听音乐、听相声、看电影和朋友聚会聊天等方式缓解工作和生活中的压力；也可以多参加一些文娱活动，培养自己的兴趣爱好，这些都有助于我们保持愉悦的心情。

(4) 突破训练法。

前面三种方法能够即时性地缓解消极情绪，而突破训练法是从突破自我的角度认识和接纳消极情绪，然后采取方法慢慢地消除它们，属于长期训练。每当产生消极情绪的时候，我们可以记录下来自己因为什么事情产生了这种情绪，以及这种情绪带给自己的感受，并慢慢体会正视它之后的情感变化，逐渐适应和接受它，使影响心情的负面情绪逐渐转化为正常心绪。这一方法一般可以辅助心理暗示增加突破的信心，比如“其实也没有那么让人讨厌”“其实是可以接受的”“其实接受后心里觉得还挺舒服的”……用类似这样的话对自己不断地进行积极的心理暗示，是缓解消极情绪的一种有效训练方式。

二、思维方式如何影响情绪

思维方式有很多种，拥有不同的思维方式的人在面对同一个问题时会有不同的认知，而在不同认知的支配下，每个人对待问题、处理事情的方式也不同，这会直接影响人们的情绪。

1. 思维方式的种类

从情商角度看，思维方式是指一个人看待外界的一种方式，这种方式和每个人的成长经历有关，体现了每个人不同的生活态度。因为不同的人生阅历使其具有了不同的思维方式，我们可以将其分为以下四种类型。

(1) 积极型思维方式。

顾名思义，拥有积极型思维方式的人看问题多从积极的角度思考，总是看到事情积极的一面，至于是否正确并不是他们首先考虑的。拥有积极型思维方式的人的成长环境一般比较和谐温暖，所以形成了这样的思维模式。他们的性格比较活泼开朗、热情洋溢，属于天生的乐观派，当然也会比较感性，容易受到第一印象的影响。

(2) 思考型思维方式。

拥有思考型思维方式的人注重理性对思维的控制，习惯用理性支配感性，往往在做任何事情之前先把各种因素考虑周全。拥有思考型思维方式的人做事比较谨慎、严肃，有时候瞻前顾后，不太擅长情感交流。

(3) 中立型思维方式。

拥有中立型思维方式的人既不积极，也不消极，常常置身事外，以旁观者的心态去审视一切，所以态度经常呈中立。拥有这一思维方式的人往往给人冷漠的感觉，有点“事不关己，高高挂起”。与这类人的情感交流容易停留在表面，比较难以进行深层次的沟通。

(4) 消极型思维方式。

拥有消极型思维方式的人看问题容易只看到事情不好的一面，常常忽略事情积极的一面。拥有这一思维方式的人一般是偏自卑的性格，习惯自我否定，也喜欢使用消极性语言，比如吐槽、抱怨、指责等，身边的朋友较少，在人际交往中容易破坏气氛。

此外，以思维导向结果的不同进行划分，思维方式还可以分为自我导向

型思维方式和行动导向型思维方式。

(1) 自我导向型思维方式。

自我导向型思维方式是指个体将思维的重心全部放在对自我的关心上，此种思维方式和消极型思维方式都属于容易焦虑的思维方式，容易被外界干扰，而陷入负面情绪中。

(2) 行动导向型思维方式。

行动导向型思维方式强调个体通过行动主动解决问题，使结果可以朝积极的一面发展。行动导向型思维方式和积极型思维方式类似，都是冲破狭隘思维，主动引导事情向积极方向发展。

2. 思维方式对情绪的影响

不同的思维方式下有不同的行为导向，不同的行为就会产生不同的结果，面对不同的结果，人们就会产生不同的情绪。比如，拥有消极型思维方式的人常说“我不行”“这事我做不好”“我觉得自己太笨了”……反复做负面的心理暗示是不自信、悲观的一种表现，这样的思维方式容易让人情绪低迷，焦虑不安。因此，我们一定要学会转变思维方式，努力将引起负面情绪的消极型和自我导向型思维方式向积极型和行动导向型思维方式转变。

虽然很多人明明知道消极型思维方式和自我导向型思维方式容易产生负面情绪，影响我们的心情，但是为什么还是有这样的思维方式出现呢？这与每个人的成长环境、人生经历有很大的关系。有时候，我们因为过往的某些不好的经历而产生了某种定性思维。这种对自我的焦虑和担心有的是源于客观现实，有的是自己凭空猜测。如果总是对未知事物、未发生的事情进行悲观揣测，那么很容易导致负面情绪无限放大，长期发展下去会带来极大的心理负担，严重的会造成抑郁和心理扭曲等心理问题。

三、学会正视消极思想

消极思想在很多时候是伴随着消极情绪出现的，所以多观察自己的行为，多了解自己的需求是很有必要的。我们应尽可能让自己的情绪平和，当出现浮躁、压抑、焦虑、愤怒、恐慌、多疑、沮丧、无助等感受时，说明消极思想已经闯入我们的大脑中。要想挑战消极思想，就一定要先有意识地认识它，学会从心理上正视消极思想。

建议大家可以随身准备一个小本子，在发现有消极思想时，用这个小本子将消极思想出现时你的身体和心理的真实感受记录下来，学会把所有注意力放在体验这份感受上。记录完毕后，我们不仅对消极思想有了清楚的认识，而且会从一定程度上抑制消极思想对我们思维的侵害。消极思想不是固定存在于大脑中的，它会随着我们的人生阅历的丰富及承受能力的增加而产生变化。而此时我们需要做的是去正视它，使其朝着更积极的方向转变，尽量把它对身心的负面影响降到最低。

当然，并非每一个处于消极思想状态下的人都可以做到静下心来去记录自己的思想轨迹，有时候即使我们清楚感受到消极思想的存在，却发现很难摆脱它的控制，常常会感觉自己的大脑一片空白，消极思想逐渐主导思维，从而影响我们的情绪和行为。此时，我们可以通过“自问交流”的方式与自己进行沟通，对话内容不用很复杂，越简单效果就越明显。例如，我们可以问自己：“此时此刻我在想什么”“我为什么会这么想”“怎么样可以让自己不去想这件事”……用类似的语句追问自己，把脑海中浮现的画面尽可能通过追问的方式使其具体化，在具象中挖掘自己潜意识中产生消极思想的源头。

在“自问交流”中，我们要注意自己表达的是思想还是情感。比如“我觉得他特别冷漠”，这就是一种思想，而不是情感；“我觉得他特别冷漠，让我很不开心”，这里的“不开心”就是情感。在“自问交流”中，我们要尽量多表达情感，将思想延伸到对自己情感的影响上，这样会更容易帮助自己辨识消极思想。

当我们能正确地认识消极思想，并清楚地知道它给现实生活带来诸多弊端后，就要尽可能地采取行动使其向积极的方向转变。

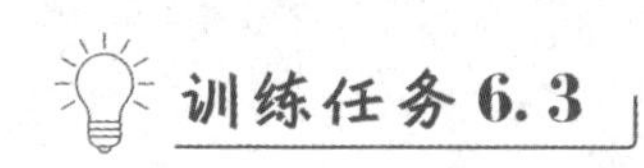

训练任务 6.3

团队思考

1. 当你发现自己的思想消极或情绪低落时，问自己：

(1) 这是我的真实反应吗？

(2) 我是否可以换个角度来看待这件事情呢?

请在下面的横线上记下你的"思想轨迹":

___

___

___

2. 下面有一些处理消极情感的自我暗示,看看哪些对你适用,可以帮助你积极地处理情感问题,并在下面的横线上记录下自己的心得体会。

(1) 以后再碰到这个问题,我能处理得更好。

(2) 一个人不可能把所有的事情都做好,重要的是通过这件事我建立了自信。

(3) 我知道忧虑会让人感觉更糟糕,我一定能控制好自己的情绪。

(4) 以前碰到这样的处境,我不也挺过来了吗?

(5) 只有处理好担忧的情绪,我才能不担忧。

(6) 我很自豪自己面对这种事情能越来越平静。

(7) 学会控制忧虑的感觉真不错!

(8) 我一定能改变自己现在的感受。

___

___

___

___

___

☆点拨提升☆

我们一旦发现脑子里出现消极思想,就要努力尝试阻止,代之以更积极的想法。常常提醒自己看到问题先从积极层面思考,多发现事情好的一面、别人身上的闪光点,可以以更积极的态度处理问题。在可能产生消极思想之前,我们先想一些可以用到的处理技巧(如肌肉放松法、呼吸调节法),以及你会去怎样回应消极思想,良好的准备是成功的一半。

四、悲观负面的情感反应

思维决定情感反应。积极思维下的情感反应是乐观正面的，消极思维下的情感反应是悲观负面的。悲观负面的情感反应会带来情绪的大起大落，造成语言行为的失控，进而对我们的人际交往产生直接影响。因此，要提高我们的情商，就一定要攻克悲观负面的情感反应。那么，我们就需要了解在现实生活中到底存在哪些悲观负面的情感反应，这些情感反应是在什么样的情绪下引发的。

1. 过滤积极因素的消极思维会带来焦虑不安的情感反应

此种情况表现为夸大情境中的消极细节，过滤掉事情的积极因素，而让自己陷入极度的焦虑中。例如，A 在参加一个晚宴时在众人面前摔了一跤，认为自己当众出丑很丢脸而陷入焦虑中，A 整个晚上一直处于紧张不安的状态。但事实是晚宴上的其他人根本没有注意到这个细节，只有当事人 A 自己因为无限放大摔跤一事带来的影响，而完全忽略掉晚宴活动的其他积极因素，陷入了消极情绪中，表现出不安、慌张等情感反应。

2. 过于极端的消极思维会带来交际障碍的情感反应

在对事情的判断中很多人会带有自己的偏见，这种偏见会让人走向极端，产生心理阴影，这种极端往往和当事人过往的经历有关。例如，小时候游泳呛了水，长大后看到水就会感到很恐惧；第一段恋爱因为男朋友长得很帅出现第三者而分手，之后看到颜值高的男生就觉得这个人不靠谱，等等。这种极端的情感反应是因为当事人受到过往经验的支配，习惯用过往经验以偏概全地去评价和否定很多事情，易走极端化，给人以执拗、偏激的印象，使得个人的交际受到阻碍。

3. 自我模式的消极思维会带来压抑的情感反应

所谓自我模式，是指个体在思考问题时一切从自己出发，以自己为本位，考虑的都是自己的需求，一旦别人没有按照自己的方式去做，就会感觉到不安、惶恐、无法接受，陷入极度的不满中。拥有这种思维模式的人通常只按照自我的习惯思维去与人沟通，常常会说“你应该……”。但是，我们是无法左右别人的行为和思想的，如果总是渴望别人按照自己的思维方式去行事，那么自己和别人都将处于压抑中，会使双方的情绪都陷入焦虑，也不利于人际关系的维系。

4. 顾他模式的消极思维会带来敏感自卑的情感反应

顾他模式是相对自我模式而言的，即把所有事情的评判标准都放在他人身上，非常渴望得到他人的肯定，每天都在猜测别人在想什么，并因此常常感到恐慌和不安。例如，A 看到两个同事在一起低声说话，就认为："他们两个人说话声音那么小，是不是在说我的坏话?"在工作上，B 做一件事情之前，反复思考："我这样做，领导会肯定我吗""我这样说，老王会不会觉得我很烦"……这种思维常常会使当事人忽略自我，受控于别人的言语，使得当事人缺乏自信，比较敏感、自卑，经常在对别人的假想中自我纠结、抑郁不安，从而引发悲观消极的情感反应。

5. 过虑型的消极思维会带来恐惧的情感反应

过虑，即过于焦虑。每个人都有焦虑的时刻，适当的焦虑是正常的心理反应。但是如果是过分焦虑，就会对身心造成负担，应该引起重视。尤其是经常因为对未知的情况或未发生的事情进行揣测，并导致自己陷入极度焦虑的状态，这就需要引起我们的注意了。一些人总是过于担心还没有发生的事情，以预见灾难的状态在"渴望"灾难，例如，反复地想"我如果做不好，怎么办""我如果找不到工作，怎么办""我如果还是考不好，怎么办"……不断给自己负面的假想，让自己因为不存在的事情而过度焦虑，陷入未知的恐惧中。长期处于这种思维模式下，当事人不仅会缺乏解决问题的勇气，更没有冲破阻力的动力，所以往往也会与很多机会失之交臂。

世界上优秀的 10 种思维

1. 司马光思维

"打破，才能得生机"，这就是司马光思维的精髓所在：只有打破旧思维的桎梏，才会见到光明。

2. 孙子思维

孙子曰："知己知彼，百战不殆。"这句话体现了一种十分可贵的思维方式，即要战胜对手，就必须先了解对手。

3. 拿破仑思维

敢想敢干，不被外界所干扰，在任何情况下，始终保持自己的主见，用自己的目光去审视世界，用自己的方法去解决问题，这就是拿破仑思维。

4. 亚历山大思维

它蕴含着一种霸气的、值得称道的思维方式，那就是：成大事者，绝不被陈规旧习所束缚。

5. 哥伦布思维

“想了就要干”，这是哥伦布思维的可贵之处，自古成功自有道，这个道往往就是在众人认为不可能的地方闯出来的。

6. 上帝思维

关爱别人，受益自己。世人要是拥有爱的思维，那他无论身处何方，都是活在天堂里。

7. 拉哥尼亚思维

简练才是真正的丰富，只有最简单的东西才具有最大孕育性和想象空间，也就是拉哥尼亚思维。

8. 奥卡姆思维

奥卡姆思维就是舍弃一切复杂的表象，直指问题的本质，不要将问题复杂化。

9. 费米思维

最简单的往往是最合理的，任何问题的复杂化，都是因为没有抓住最深刻的本质，没有揭示最基本的规律与问题之间最短的联系，只是停留在表层的复杂性上，反而离解决问题越来越远。

10. 洛克菲勒思维

时时求主动，处处占先机，以最小代价求得利益最大化，这就是洛克菲勒思维的主旨。

训练任务6.4

漫画解读练习

下面三幅小漫画分别讲了什么故事？请谈谈你的感受，并将其记录在下面的横线上。

哈哈哈,真笨!

☆点拨提升☆

这个训练是帮助大家了解自己的思维方式，看看不同的思维方式会带来怎样的情感反应。在训练时，我们应该尽可能让自己进入到漫画情境中，体会当事人的感受，想象当事人可能会有的想法，以此来体会积极思维和消极思维带来的不同情感反应，从而反思自己平时的思维习惯，锻炼自己多从积极乐观的角度思考问题。

训练任务 6.5

思维转换练习——正话反说

团队内分成若干个两人（A 和 B）小组，并准备好一张纸，练习学员的思维方式转换的速度和效果。

第一轮，A 在下面横线处写出自己最喜欢的颜色，然后向 B 说出喜欢该颜色的三点理由（可提前记录在下面横线处）。第二轮，A 在下面横线处写出自己最喜欢做的事情，并由导师确认属实，之后请A把自己最喜欢做的事情说成最讨厌做的事情，并说明三点理由，说的时候要让B信服和认可；然后，A再把刚才向B讲述的自己最讨厌做的事情说成最喜欢做的事情，同样说明三点理由。完成后，A和B交换角色进行训练。

建议在最后一轮可以由导师给学员出题，写到命题卡上，由各团队推选一名学员上台和其他学员PK。导师在命题卡里写的内容一定是大家普遍都不太能接受的事情，比如“喜欢吃纸”“喜欢不洗脸”“喜欢蟑螂”等，要求学员在规定时间内想到三点理由并流畅、富有感情地表达出来。训练过程中，学员在积极思维作用下找到的理由是否合情合理，在分享时是否语气坚定、状态是否自信等，都可作为判定胜负的标准。

☆点拨提升☆

在实际训练中，可能会有个别学员在分享时出现笑场或者理由过于牵强的情况，这说明该学员还没有真正发自内心地享受积极思维对自身情感的影响。常用积极思维思考问题的人，会习惯从事情的积极角度出发去阐述它，哪怕这件事情有很多消极影响，他们也可以看到其中的闪光点。

本章小结

思维方式的训练不是一蹴而就的，而是需要将积极思维扎根心底，养成习惯，从而使我们看问题从积极的角度入手，保持阳光心态。高情商的人懂得用积极的思维方式去思考问题，与人交往时善于发现别人的需求，并乐于帮助他人，在这个过程中自己也能收获快乐。因此，我们要提高自己的情商，就必须要转变自己的思维方式，让积极思维作用于生活，赶走消极思维引起的负面效果。

本章作业

观察自己，尤其注意自己情绪失控时是在什么样的情境下，当时你看到了什么、听到了什么。请做好自我情绪洞察，并将其详细地记录在下面的横线处。

____

____

____

____

____

____

____

____

第7章 你能控制自己的情绪吗？

情商能力的高低是通过言行举止体现的，很多低情商的行为方式往往都发生在情绪失控时。本章我们来认识一下负面情绪，因为要提高我们的情商，就必须学会如何控制它们。

一、认识负面情绪

负面情绪是指焦虑、紧张、愤怒、沮丧、悲伤、痛苦等情绪。负面情绪如果得不到释放，会淤积到心里造成生理和心理的不适；如果控制不到位，还会造成语言行为的失控，带来负面的影响，从而影响我们的人际关系。所以，我们要想提高情商，一定要认识负面情绪并加以控制。

当负面情绪产生时，不要试图去遏制它。情绪是我们正常的生理反应，适当的情绪宣泄和疏导是有助于身心健康的。情绪本身没有破坏力，只是负面情绪常常会引发冲动的行为，由此可能会产生恶劣的影响。正视情绪最好的做法就是不要纠结在情绪中，而是通过情绪的产生审视自己在哪些方面还没有做好，并尽快处理好问题。

关于如何正视负面情绪，美国心理学家阿尔伯特·艾利斯（Albert Ellis）提出了“ABC 理论”：

A（Antecedent）是指事情的起因，即影响你情绪变化的导火线；

B（Bridge）是指由起因通向结果的桥梁，即产生不同情绪变化的缘由；

C（Consequence）是指事情的结果，即最终引发的情绪。

阿尔伯特·艾利斯认为：同一件事情 A 被不同的人遇到会有不同的态度 B，从而就会产生不同的结果 C。例如，甲和乙同时在电梯里遇到了自己的老板，他俩同时和老板打招呼，但老板因为在思考工作的事情没有及时回应他们，这是事件 A。甲认为：“老板可能太忙了。”这是桥梁 B1。而乙认为：“是不是我这个季度的业绩太差，老板生气了？”这是桥梁 B2。结果，甲不受影响正常上班，这是结果 C1；而乙却一直紧张不安，这是结果 C2。同一件事情在甲和乙的不同思维下产生了不同的情绪，由此可以看出引起情绪变化的并不是事件本身，而是我们对事件的认知。

一般情况下，个体会根据自己过往的经验表达对事件的看法，这种认知具有主观性，往往和个体的潜意识有关。比如个体小的时候，每次做错事都会被父母责骂，因此造成了很大的心理阴影。长大后，遇到类似的场景，个体就会感到失落、自卑和不安。

潜意识层面的记忆往往是触动心弦、影响情绪波动的症结。要想控制好自己的情绪，一定要追根溯源地找到自己情绪产生的症结，通过对症结的治愈实现对情绪的控制。

二、控制负面情绪

如果你已经意识到负面情绪会带来行为的失控，影响自己的心情，也会令我们身边的朋友越来越少，那么我们一定要学会尽可能地控制它、管理它。高情商的人不是没有负面情绪，而是能够很好地调整状态、调节心情，有效地控制负面情绪。控制负面情绪需要技巧，这里教给大家控制情绪的五个步骤。

第一步：打破“应该”法则

我们的负面情绪大多建立在假设上——别人“应该”怎么想，“应该”怎么做，“应该”跟自己的价值观一样。消除负面情绪的第一个重要步骤就是要打破这个“应该”法则。

当别人不能按照我们的想法做出反馈时，带着“应该”的想法就会导致自己陷入“自我”的思维怪圈中。对别人的行为、想法我们应多一些理解，这样就能减少负面情绪的产生。

第二步：平息负面情绪，想想是什么让你真正烦恼

当你产生负面情绪时，冷静下来思考一下这是什么原因导致的。例如，小王伤心难过，他可以问自己：“我在因为什么事情伤心？”可能他在想：“别人对我很粗鲁，很冷漠”“我做什么他们都觉得我做不好”，那么真正令小王伤心的是他没有能力改变别人的行为。

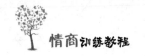

第三步：减少消极思维，改变想法

用积极的思维方式重新看待问题，从新的角度出发改变自己的想法，调整情绪，不仅可以缓解心情，而且可以使情绪变得平和稳定。

第四步：运用放松技巧，自己回应负面情绪

放松有助于缓解因情绪失控而造成的身体紧绷和精神紧张状态，可以使自己尽快恢复平静，减少负面情绪对自己的伤害。

第五步：认清消极思想

辨识消极思想，找出产生消极思想的诱因，不要让压力和愤怒使我们做出恶意的行为。要尽可能找出自己情绪失控的源头，分析是什么让自己特别介意和敏感，从而滋生出负面情绪。

总之，对情绪的控制和管理一定是在接纳自己、接纳别人的情况下进行的。我们可以多换位思考，从理解、包容和积极的角度看待问题，从而使自己的心态趋于平和。比如，某件事情没有做好时，我们可以对自己说："这件事没能做好，不过我已经发现了问题所在，下一次会努力做得更好！"这样不仅能调整好我们的情绪，而且还可以有新的动力重整旗鼓。除此以外，我们还要学会关注事实本身，也就是说评价一个人或是评价一件事的时候，尽量去描述，而不是概括。比如，你因为小王没做好某件事情而要批评他时，可以描述一下事情的经过，围绕事情本身来进行分析，而不是直接去评价小王这个人如何。当我们情绪激动时，不要随意做判断，要先分清楚这究竟是主观想象还是客观事实。此外，不要将问题想得过于复杂，尤其不要对未发生的事情随意下定论，让自己陷入焦虑中。行为的失控是因为情绪的失控，而情绪的失控往往是自己思考问题太过主观，把情况想得过于糟糕，结果进入情绪的怪圈。在这个时候，我们可以按照上述五个步骤来调整情绪。

情绪的产生是正常的，我们要做的并不是遏制情绪的产生，而是对负面情绪进行疏导。而疏导的核心是自己多从积极的角度去思考问题，不要把自己的坏情绪转移到别人身上，或者说不要用自己的错误去惩罚别人。要知道，说者无心，听者有意，有意识地控制我们的情绪才是关键。

训练任务7.1

“激怒对方”

每个团队成员写出自己在现实生活中遇到的容易引起情绪激动、情绪失控的事件，以团队为单位交给导师。然后，每个团队随机选其中一个事件进行情境模拟表演，要求尽可能进入角色去激怒对方，但不要进行人身攻击或者采用与情景不符的语言和行为。表演时，团队成员注意观察其他成员的情绪反应和情绪控制能力，团队内可以互换角色分别体验激怒者和被激怒者的感受。

训练结束后，请大家把各自在活动中的反应和感受写到下面的横线上，用心体会不同角色的情绪变化，以及自己情绪产生变化后的语言、行为反应。

____

____

____

____

____

☆点拨提升☆

在这个训练过程中，虽然以“激怒对方”为目的，但是一切的语言和行为必须符合情境，如果发现情境模拟表演中出现侮辱性言语或者出现不适合此情景的语言和行为时，导师应及时加以制止和协调。此训练主要是让学员体会自己情绪的变化，尤其当自己情绪即将失控时可以运用书中前面所介绍的方法进行情绪控制，使一场可能会爆发的冲突及时得到化解。导师也可以引导学员体验如果情绪没有得到控制后果又将如何，从而加强学员对自己负面情绪的控制，不要因一时的冲动造成不好的后果。

本章小结

学会认识情绪、辨识情绪是控制情绪的第一步。本章尝试帮助大家理解情绪，理性洞察造成情绪失控的深层原因，通过有意识地控制而使负面情绪得以疏导，尽力营造一个积极阳光的情感氛围，这样有利于培养我们的情商。

本章作业

“爱的储蓄”盒

团队中的每一位成员为自己制作一个盒子，作为储蓄“爱”的工具。

具体操作：

1. 每位学员利用课下时间找一个盒子，可以利用废旧纸盒（比如快递纸盒、包装纸盒等），然后给纸盒进行包装，可使用画笔为其增添色彩，也可以写上想说的话，贴上包装纸等。这个纸盒将帮助我们控制自己的情绪，保持一个好心情。

2. 学员们需要在平时记录下自己的情绪变化，我们把这种情绪变化简单地分为两种，即积极的情绪和消极的情绪。比如，今天下午你约好与朋友一起逛街，可是他因临时有事没有来，此时你的心情十分低落，那么就可以把自己低落的感受写到一张小纸条上，再写上时间、地点，然后放到“爱的储蓄”盒里。又如，你终于通过了某项技能等级考试，内心十分高兴，你也可以把高兴的感受连同时间、地点一起记录在小纸条上，放入“爱的储蓄”盒里。

3. 在训练课程全部结束的那天，请学员们带来自己的“爱的储蓄”盒（如图 7.1 所示），与团队其他成员分享储蓄盒里是“开心”的纸条多，还是“不开心”的纸条多，做一个数量统计。“爱的储蓄”盒帮助学员在情绪波动时用合适的方式调整心情，更加清楚地认识自己的情绪，练习积极的思维方式。

图 7.1 参加情商训练的学员制作的“爱的储蓄”盒

☆点拨提升☆

每个人在心情不好时都需要一种调节和发泄的方式，用“爱的储蓄”盒这种自我对话的思想记录方式平和情绪，既不影响别人对我们的看法，又可以很快调整自己的状态，可谓一举多得。

第 8 章 同理心与情商

通过第 7 章的学习，我们已经了解了如何控制负面情绪，本章将通过同理心的培养帮助大家在上一章的基础上学会了解他人感受，更好地理解换位思考、感同身受在情商训练中的作用。通过体察他人的心理感受，架起与他人心理沟通的桥梁。

一、什么是同理心

同理心（empathy）是一个心理学概念，最早由美国著名心理学家卡尔·兰塞姆·罗杰斯（Carl Ransom Rogers）提出。同理心一般被定义为认识、观察和直接感受他人情绪的能力。即在人际交往过程中，能够体会他人的情绪和想法，理解他人的立场和感受，并站在他人的角度思考和处理问题的能力，也就是人们在日常生活中经常提到的“设身处地”“将心比心”“站在别人的角度看问题”。

同理心是积极人际关系的奠基石，它能激发人的动力。如果能真诚地去感受他人的情绪，我们就能站在他人的角度考虑问题，帮助和支持他人，从而获得和谐的人际关系。

具备同理心的人一般拥有以下特质：

（1）与别人的关系融洽亲密；

（2）能够坦诚地与他人交流；

（3）关心他人的事情和困难；

（4）即使不赞同也能欣赏他人的观点；

（5）有宽容心，不记仇。

同理心的力量是巨大的。在与人沟通、合作时，能运用同理心站在对方角度去考虑问题，让对方感觉自己被理解，获得情感上的共鸣，可以减少彼此之间的距离，增进双方的情感。

同理心不是赞同，而是一种理解。你可能完全反对别人的行为，但是还是能理解别人的行为需求和特定的行为方式。

☆点拨提升☆

在陈述自己的观点之前，养成向别人表示认可的习惯以培养我们的同理心，即在说话之前让别人感觉自己被理解。

二、如何培养同理心

提高情商一定要具备同理心，对同理心的培养要注意以下两点：

（一）体会自己的感受

想要做到理解别人的感受，首先要挖掘自己对感觉的洞察力，能够在第一时间敏锐地发现自己的感知。因此，真切触及自己的感受是培养同理心的第一步。

很多时候，提起同理心，大多数人首先想到的是要换位思考，理解别人的感受，可是倘若自己本身对感受的感知能力就很弱，那么即使进行换位思考，很也难做到马上理解别人的感受。所以，培养同理心要先从用心发掘、认真体会自己的感受入手。

当了解了自己的感受后，要有意识地训练自己将这种感受准确地表达出来。例如，可以通过自我对话的方式，探寻自己真实的情绪：

“我现在开心吗？”

“我不开心。”

“我为什么会不开心？”

“因为我觉得……”

这样反复的自我交流会让自己学会释放，在比较轻松的氛围里体会自己的感受。在自我对话的过程中，表达得越细致，情感越细腻，越有助于同理心的培养。

（二）倾听别人的感受

同理心需要我们能够站在对方的角度考虑问题，理解其处境、顾虑、担忧，想对方之所想，急对方之所急。但是，不同的生活环境、处事方式会使我们和他人常常处于不同的“频道”，而要在不同的“频道”中开启同频模式，找寻两者可以共情的地方，最好的方式就是用心倾听。

倾听对方的需求，倾听对方表达的感受，观察其表情，体会其情绪的变化。我们在倾听时，可以根据情境用肯定和追问的方式表示自己的感受，让对方放下戒备，更好地融入彼此之间的情感交流中。比如，我们可以使用诸如“是啊，他们不应该这么做”“是的，你说得很有道理”“怎么可以这样做呢”“我太能理解你的感受了”“如果是我，我也无法接受”等话语表示你可以感同身受，让对方感觉自己被认可、被理解、被体谅。

三、使用同理心处理矛盾

在人际交往中，同理心对人与人之间增加了解、增进情感、拉近距离，实现沟通无障碍具有积极意义。很多时候，我们在人际交往过程中，出现矛盾、分歧时，同理心的作用会更加明显。我们可以按照以下步骤，让同理心发挥作用，消解矛盾。

（一）承担情绪责任，勇于道歉

情绪一旦超越我们的理智，它的破坏力和杀伤力是很强的。事后我们常常会对自己在情绪失控时说过的话、做过的事感到后悔。承担情绪责任是要求我们从错误中吸取教训，努力辨认自己的情绪变化，懂得承认错误。

但是，很多人不知道如何在犯错后去说“对不起”，一想到要道歉，心里却往往很抗拒。他们觉得道歉是“丢脸”，是让步，是让别人“赢”，这些是懦弱的表现。但事实却相反，高情商的人愿意承认自己的错误，为自己的行为伤害到别人而道歉。他们会用同理心换位思考别人的处境，当感到自己的言行有不妥时，愿意承认自己的错误。

（二）培养宽恕之心，懂得原谅

承担情绪责任，勇于道歉，只是培养同理心的第一步。在这个前提下，我们还需要培养自己的宽恕之心，懂得原谅。如果心中常有怨恨，那么我们就会一直处于压抑的状态下，不能轻松自如地生活，这样是不利于身心健康的。

原谅对方并不是压抑自己的情绪，强迫自己忘掉发生过的事情，它需要我们从同理心的角度，换位思考地试着理解对方，了解对方是否有难言之隐、不便之处，从对方的处境思考问题，不让事情复杂化，不让矛盾升级。如果我们一味地觉得对方是故意为之，那么肯定也会让自己更加气愤或者难过，从而陷入无尽的痛苦之中。

我们这里说的“原谅”并不是要我们去原谅错误的行为，而是努力释放自己的痛苦，继续快乐地生活。没有人愿意让自己的生活一直充满痛苦和怨恨，我们可以尝试去宽恕，因为一直伴随怨恨生活着，最终伤害的是自己。努力尝试，学会接受，懂得原谅是宽慰自己、抚慰伤口、解决问题的最好方式。

当我们洒脱地对自己说：“过去的事情已经发生，并不能改变，就让它过去吧，我要重新开始我的生活”，这说明我们已经懂得人生的意义，不再用别人的错误去惩罚自己。我们应该尽可能地用积极的思维方式让自己走出过去的伤痛，也是对自己新生活的展望。

（三）拓宽视野，开阔心胸

“读万卷书，行万里路”，不同的视野会带来不同的思路和收获。我们要多元化、全方位地接触和了解各种知识和信息，这会帮助我们更好地理解各种情境下的人和事，这对培养同理心很重要。

除了拓宽我们的视野以外，我们还需要开阔心胸。心胸开阔不仅更懂得体谅他人，更容易获得他人的尊重，而且也是善待自己的一种方式，自己会更加豁达开朗。

同理心的培养需要我们把更多的注意力放在对他人的倾听和理解上，多顾及他人的感受，减少对他人负面情绪的产生，要有顾他意识，这是同理心培养的关键。除此以外，我们还需要学会以宽容之心看待自己不喜欢的人和事物，不随便评论他人，以开阔的思想与别人交流，这样会使沟通变得顺畅，更能营造一个良好、和谐的氛围。

顾他意识训练

顾他意识的情商技巧有助于培养同情心，因此，我们通过下面的两个场景进行顾他意识的培养，看是否可以有效地培养我们的同理心。看看周围，注意身边人的生活。生活每天都为你提供无数的机会，如果我们能敞开心扉就能抓住。

1. 一位老人带着伤心孤独的表情，提着两个沉重的购物袋从你面前吃力地走过。你停下脚步想想自己看到的，请记录下自己的感受。

____

____

____

____

2. 打开电视机，新闻正在播放某战乱国家的一位妇女跪在儿子的尸体面前哭泣的场景。此时，你的内心有什么感受？请记录下你的想法（注意：不要刻意掩饰自己的情绪）。

____

____

____

____

☆点拨提升☆

顾他意识的培养需要我们多考虑别人的感受，想想别人处于困境中时，我们能为别人做些什么而使他的境遇得到一些改善。让同理心拉进我们与别人之间的距离，让我们在和谐温暖的人际交往中获得快乐。

本章小结

人与人之间的交流是双向的，我们在给予对方信息与情感时，一定要考虑对方的感受，尽量使双方建立同一情感频率。在互动中要多换位思考，站在对方的角度考虑问题，多发现别人的优点、理解别人的难处，让对方感受到被尊重、被理解，从而营造良好的相处氛围，建立和谐的人际关系。

本章作业

请你观看一部电影，找出影片中含有“愤怒、伤心、快乐、紧张、烦躁”等五种情绪的片段，结合这五种情绪表达观影后的感受并记录下来，注意对人物情绪的分析。

____

____

____

____

____

____

第 9 章
你会沟通吗？

在情商所有能力的构成要素中，沟通能力是最能直观展现一个人情商高低的重要能力。因为我们都知道，一个人情商的高低在生活中往往都是通过言行举止展现的，你如何表达，说什么内容，都能反映出个人的情商能力，也会给别人留下深刻的印象。所以，提高我们的沟通表达能力，是非常重要的一环。

随着现代科技的发展，用手机的“低头族”越来越多，人们渐渐习惯利用互联网进行沟通，而开始不习惯，甚至回避在现实生活中的交流，长期发展下去可能会患上“失语症”。“失语症”并不是说一个人真的不会说话，而是因为长期不说话、不与人交流而导致心理上的排斥。现在一些人患有“社交恐惧症”，也是如今智能时代比较普遍的一个现象。

不懂得沟通和交流会影响我们的工作和生活，长此以往也会给我们自己带来心灵上的创伤，那么到底要怎么解决这个问题呢？本章将带大家一起来解决这个问题。

一、沟通中错误和正确的表现

首先，让我们来看看在沟通中哪些表现是我们需要注意避免的。

1. 将谈话的关注点转移到或一直放在自己身上

很多人在与他人交流时会习惯性地忽略对方的感受和需求，一直在表达自己的感想。例如，小王工作了一天，跟小李说：“我今天在外面跑了一天，好累啊！”而小李回答：“我比你还累！你知道吗？我今天处理了 100 多个文档，为了盖章楼上楼下跑了 20 多趟，我还接待了从外地来的××局的领导……”当听到这些话后，如果你是小王，你会做何感想？小李明显把小王发出渴望关心的信息给忽略掉了，而是把关注点立即转移到自己身上，本来应该温暖的对话，变成了“比惨”，最后双方无法继续聊下去而终止了话题。小王此时需要的并不是比他更累、更惨的小李的一通抱怨，而是小李的一句关心问候，如“赶快坐下来休息一下”“你今天怎么这么多事？怎么了？”……此类对话中，回应“我比你还累”的一方一般并未意识到自己在沟通中出现

的问题，但这种习惯将关注点转移到或者一直放在自己身上，而忽略他人的沟通在现实交流中还是比较常见的，我们一定要注意避免。

2. 说话太“直接”

不少人容易在不经意间贬损对方，但是自己却还没有意识到。这类人的性格大多比较直爽，在与人沟通时，想到什么就说什么，但是经过多次交流后，很多人会对他们敬而远之。例如，小赵精心挑选了一张自己的照片发到朋友圈，结果小张留言：“你的脸挺大的，以后要少发自拍。”小张认为这是“肺腑之言”，是为了小赵好，可是这样的表达在无形中却伤害了小赵的自尊心。所以，“说者无心，听者有意”，我们与他人沟通时切忌口无遮拦，以“我很真诚”“我很直接”的名义毫无顾忌地表达自己的想法，丝毫不考虑别人的感受。很多脱口而出的话，很容易让对方感觉自己受到了伤害，这样不仅容易使对方产生不好的印象，而且也会影响我们的人际交往。

3. “自贬式”夸人

“自贬式”夸人是以贬损自己的方式来表扬、抬高对方。这种沟通方式的常见句式有“你真棒，不像我……”“这东西我哪配用，只有你才能……”等。很多拥有自卑型人格和讨好型人格的人比较青睐这种沟通方式。这种沟通方式常常会让人陷入尴尬的沟通氛围，因为说话者一开始就让沟通双方的地位处于不平等的状态，并且还容易让对方感觉“话里有话”，起到了反作用。

那么，在与他人的沟通中，哪些行为属于高情商的表现呢？

1. 沟通中少说“我”

在人与人的沟通交流中，“我”是一个使用频率极高的字，但真正的高情商者会在交流中放弃“我”。例如，小王见到了小李的孩子，说：“你们家的孩子和我们家的一样，长得白白胖胖的，真可爱！”小王在沟通中虽然看到的是小李的孩子，但在表达时还是没有忘记“我”，所以虽然他的出发点是夸小李的孩子，但实际上将关注点放在了“我”的身上，夸了自己的孩子；而小刘见到小李的孩子，是这样说的：“这小孩长得真好看，像妈妈。”这句话关注点完全在小李的孩子身上，并且同时夸了两个人，让听者心情愉悦。

2. 沟通中巧妙说“我”

沟通中不是不可以说“我”，但是提到自己时，要避免用过于自我的语气方式。例如，“你听明白我说的话没有?”这句话本来的意思应该是确认对方是否有听懂自己的表达，但是听完后却会让对方感觉到不舒服，说话者的表达略显强势，而且容易让听者有“被指责”“被质问”的感觉，显然是没有照顾到听者的感受。如果将其换成“请问我说清楚了没有?”虽然是同一个意思，但换一种方式去表达，听者的感受就会有明显的不同。这句话询问的是自己的表达是否可以让他人听清楚，表现出对他人感受的重视。两句话在表面看起来都是表达同一个内容，但因为考虑的角度不同，带给听者的感受也不同。所以，在沟通中要注意多以对方为中心，体现出对听者的重视和尊重。

3. 沟通中多赞美别人

“赞美”是沟通中的催化剂，可以很好地调节沟通的氛围。赞美体现的是一种积极的沟通思维，经常发自内心地赞美别人，有利于促进人际关系的和谐发展。我们在赞美别人时，一定要真诚、注重细节、合乎时宜，切忌假大空，在赞美时多描述具体事件、多谈感受，通过赞美展现出对别人的关注和肯定。比如，“你的方案有针对性地解决了这个难题，在这么短时间内能做出这么详细的方案，真的很佩服你!”这样的赞美就不会给人有太过恭维之感，而是落实到具体的事情上谈自己的感受，使被赞美者有被认同的感觉，容易获得被赞美者的好感和信任。

4. 沟通中委婉表达

我们在与他人沟通时，很多时候一些话如果直接表达出来，会令对方感到尴尬和不适，使交谈氛围变得紧张。因此，我们可以用委婉的表达方式，将想说的话含蓄、巧妙地传达出来，令听者愿意接受。比如，在儿童游乐场里不可以抽烟，当有人在抽烟时，有的家长会大声呵斥抽烟者：“干吗呢?!没有看到这里写着严禁吸烟吗？有没有素质?”这样的表达会令抽烟者感到十分尴尬，使矛盾激化，一些抽烟者因为被训斥觉得自己“没面子”，常常会与劝说者起冲突，结果不仅未达到让抽烟者停止抽烟的目的，而且还出现了新的问题。而高情商的人不会去谴责对方，一般会委婉地表达：“你好，这里有很多小朋友，如果你能到外面去吸烟，我们真是感激不尽。”委婉地表达自己的观点和要求，不会显得太过强势，使对方意识到自己的问题，愿意接受建议，最终达到了沟通的目的。

总之，说话者要多站在对方的角度思考，自己这样的沟通方式别人是否愿意接受，通过有意识地审视来进行改善。我们应多展示沟通中的积极心态，这样才更有利于人际关系的和谐发展。

二、沟通的四个阶段

1. 第一阶段：打招呼

打招呼是沟通的第一步，是增进友谊的纽带，所以不应轻视。对自己周围的人，包括同事、邻居、同学、亲朋好友等，不论其身份、地位、年长、年幼，都应该一视同仁，只要照面就应打招呼，表示亲切、友好，这也是一个人内在修养程度高低的重要表现。另外，打招呼的方式可以灵活机动、多种多样，有的可以问好、问安，有的可以祝福，有的可以招手、握手，有的甚至可以拥抱，等等。打招呼的时候，要根据当时的具体情况，表示出对他人的尊敬和重视。如在行走的过程中，打招呼时应停下脚步或是放慢行走速度；如正在骑自行车，打招呼时应下车或是放慢行驶速度；在室内或非行进过程中，打招呼时应起立或是欠欠身、点点头都可以。但是，不论在什么地方和什么时候，打招呼的时候我们都要面带微笑，眼睛看着对方，表示诚心诚意地向别人奉上一个见面礼，而不是敷衍了事、客套一番。此外，别人向你打招呼时，我们要及时、热情地回应，眼神中要体现出真诚，不要漫不经心地应付，否则对方会感到你态度的敷衍，从心底里泛起反感和不快，甚至产生厌烦情绪。

2. 第二阶段：讲事实

在沟通的第二阶段，我们主要是陈述事实，不需要带有太多的个人感情色彩，应就事论事，把事情讲述清楚。在这一阶段需要客观、真实地还原事情的本来面目，切记不要带有偏见或片面地看待问题，不要将自己的情绪带入到对事情的叙述上，只是通过叙述让对方了解发生了什么事情。不要过于渲染或者夸大事实，不能添加自己的主观情绪，一切从实际出发是这一阶段的基本要求。

3. 第三阶段：谈想法

在沟通的第三阶段，我们会针对事情畅谈自己的想法、观点和信念。相比上一个阶段，这一个阶段在沟通时我们有自己的立场和原则。在陈述事实的基础上，我们会有自己明确的观点、清晰的认知、独立的思想。对方通过与你的沟通，可以了解到你对这件事的态度和观点。这一阶段展现了我们的情感和思考，能体现出一个人的性格、价值观等。

4. 第四阶段：敞开心扉

这一阶段是沟通的最高层次，通常可以带给彼此心灵上的契合。这一阶段的沟通，不仅能交流彼此的思想，而且能融入情感，感受到沟通者的情绪。这种沟通能给予人力量，释放身心，是沟通最好的状态。但是，这种状态是彼此基于一定认知、熟悉后才会达到的高度。对于不熟且没有太多交往的人，如果交流太多且涉及过多的个人隐私，可能会受到意想不到的伤害。因此，只有确定遇到与自己投缘、心灵契合的朋友才可以进入“敞开心扉”阶段。进入这一阶段沟通的双方可以得到人际交往的最大升华，且这样建立的关系也最为稳定。

这四个阶段是层层递进的，后一个阶段的实现是基于前一个阶段，所以一定要注意交流的层次和距离。如果距离还很远，一定不要一次跨越多层，这样不仅不切实际，而且在日后容易造成心理创伤。

三、如何有效沟通

沟通的目的是希望别人能够理解我们所要表达的内容，并根据我们的表达有适当的回应，这样的沟通就是有效沟通。而要做到有效沟通，有以下几个方面需要注意：

1. 真诚的态度

与他人进行沟通时，真诚的态度是有效沟通的前提。你的语音、语调、语速、语气、表情等都能体现出你的态度是否真诚，所以我们一定要注意沟通时的各种细节，切莫太过随意。真诚用心的沟通能够获得对方的信任，增进彼此的感情。

2. 清晰的表达

当我们沟通时的态度给予对方良好的第一印象后，沟通的内容表达得是否清晰、是否有逻辑性就显得尤为重要。比如，我们在与他人沟通时要尽量使用普通话进行交流；沟通时使用的话语不应过于复杂，尽可能使用通俗易懂的词语或者双方都能理解的词语。语言表达的逻辑性在有效沟通中也是很重要的，每一句话之间要有逻辑关系，这体现了说话者严谨的思维、缜密的思考和用心的准备。

3. 灵活的调整

沟通是具有即时性和现场感的语言交际活动，有时沟通双方因为意见不合、观点不一等情况会使谈话突然陷入僵局，这时就需要我们根据实际情况及时地对内容和话题进行调整。这不仅对我们的语言表达能力有一定要求，而且还要求我们具有较好的心理素质，可以冷静地根据实际情况不断调整自己的语言，使得沟通有效地继续开展。

训练活动 9.1

团队训练

团队中 2 人一组，进行下面 2 个情境的沟通练习。说话者要注意观察听者的表情变化；听者除要认真聆听外，还要注意观察说话者的语气。

情境 A

甲：现在是晚上 12 点，你怎么还不睡？你严重干扰到我的休息！

（甲在表达时可以辅以肢体语言，并带有愤怒的情绪，以表示自己的不满。）

乙：我不认为是这样！几点睡觉是我自己的权利，与你无关！

（乙在表达时可以双臂合拢在胸前，运用强烈的反驳式语气进行回答。）

情境 B

甲：现在是晚上 12 点，你怎么还不睡？你严重干扰到我的休息！

（甲在表达时可以辅以肢体语言，并带有愤怒的情绪，以表示自己的不满。）

乙：我晚上 12 点还不睡觉确实影响到你休息了，我觉得这样做确实不好。咱们肯定还有另外一种解决问题的方式。

（乙在表达时以一种舒适、放松的姿态站在那儿，双手垂放在身体两侧，尽量重复对方表达的内容，表示承认自己的问题。）

两人分别互换身份担任甲、乙两种角色，注意用心体会当你处于不同情境下表达和接收这些信息时的感受，并记录在下面的横线上。训练完毕后，请你和其他学员讨论这次经历。

____

____

____

____

☆点拨提升☆

这个训练是希望沟通双方感受不同的表达方式和肢体语言在沟通中的作用。双方在沟通时，一定要注意自己的语言和情绪，不同的表达方式会带来的不同效果。很多时候，大多数人在表达时都停留在对情绪的宣泄上，而忽略了对问题的解决，结果不仅没有得到对方的理解，而且还会使自己的情绪更加激动，使矛盾激化。通过这个训练，让沟通的双方分别进入不同的模拟情境进行体会，能得到更深刻的认识。

四、非语言形式的沟通

沟通不仅仅是语言上的沟通，另外还有一种是非语言形式的沟通，也可以叫作体态语沟通，这是利用非语言形式达到沟通的效果。在实际沟通过程中，我们的身体也都是有反应和变化的，比如眼神、表情、动作等都是非语言形式的沟通的表现方式。我们将通过下面的训练来感受非语言形式的沟通的重要性。

训练活动 9.2

非语言形式的沟通

在此训练中，你想象自己处于以下五个情境中，注意观察自己的内心和身体有什么感受，尝试用非语言形式将其表达出来，并在横线处记录下相关感受和心得。

1. 一分钟前，你得知你最喜欢的足球队赢得国际足联世界杯比赛的冠军。

____

____

____

2. 一分钟前，你得知你最喜欢的足球队在国际足联世界杯决赛中以 2∶3 不敌对手痛失冠军。

____

____

____

3. 你的好朋友刚刚宣布她要结婚了，她要嫁给一个认识仅一个月的男人，而你了解到这个男人有很多陋习。

____

____

____

4. 你的好朋友刚刚宣布，她与相识 5 年的未婚夫确定了明年要结婚。你一直认为他俩十分般配。

____

____

____

5. 你惊讶地听到，你的同事宣布，他研发了一项可节省大量原材料成本的技术，可这项技术是你研发出来的，两天前你刚刚告诉了他。

____

____

____

五、学会倾听

倾听是进行有效沟通的重要环节。建立深远、有意义的人际关系需要倾听，理解别人的观点同样需要倾听。

倾听是一项很重要的能力，我们都希望自己的亲人、好友、同事能够认真地听自己讲话，也希望自己能成为一个会倾听的人。高质量的倾听能让说话者感觉到温暖和被信任、被理解，舒服的感觉会让彼此的谈话更深入、气氛更融洽。

生活中大部分的争吵是因为“倾听无能”。

很多时候，我们总是急于表达，想把自己的观点传达给对方，看起来是在交流，实际上是在自言自语。每个人都有耳朵，却常常没有认真地倾听对方的话语。

那么，如何做到高质量的倾听呢？

1. 排斥情绪的干扰

高质量的倾听要求我们过滤掉对方话语中的不良情绪的干扰，抓住其中的主旨，这样可以帮助我们更客观地了解到沟通者的真实需求，进而实现有效沟通。在倾听时，我们要多理解对方的感受，表现出专注和关心。高质量的倾听能带来高质量的回应，从而达到有效沟通的目的。相比之下，低质量的沟通不仅不能解决问题，而且容易“火上浇油”，令双方感到不愉快，使得问题更加严重。下面我们通过一个情境模拟训练来体验一下高质量和低质量的倾听分别会带来什么样的沟通效果。

训练活动 9.3

请你根据下面的情节进行情景模拟训练。

某一天，你的另一半对你说：“你昨天晚上答应我把碗刷了，但是今天早上还没刷，你是不是根本没有把我的话放在心上？我上班很累，回家还要做饭。最近你总是忘事情，难道这点小事还要让我总提醒你吗?!”

请问你听到上面这些话后有什么反应？你会怎么回应呢？请写在下面的横线上。

____

____

____

____

【分析】

▶常见的错误回应 1

你凭什么指责我？我上班就不累吗？我答应了就会去做，就不能让我先休息下吗？

☺正确做法：换位思考，正确识别和判断对方的情绪和感受，不挑剔、抱怨对方，询问对方的情况，表现出关心。

【举例】嗯，昨晚事情太多，我确实把刷碗这事儿忘了。听你的语气有点儿委屈和气愤，是不是最近工作上太累了？还是我最近真的把你说的好多话都给忽略了？

▶常见错误回应 2

我的记性不好不是一两天了，你说的什么话我不放心上了？你倒是说说啊？你凭什么对我有这么大的意见？

☺正确做法：确认对方话语的含义，可以用一些问题来加深自己对事实和细节的理解。

【举例】我忘记答应你刷碗了，让你觉得我不够用心，所以你有点儿生气，是吗？

▶常见错误回应 3

你这是嫌弃我，觉得我拖累你了，是吧?!

☺正确做法：听到对方隐藏的言外之意。

【举例】最近这段时间是不是我有什么表现让你觉得我的家庭责任感不够或者忽略了你？

▶常见错误做法 4

我最近接手了一个新项目忙得很，回家自然有些小事记不住。再说，我也只是这几天有点儿不在状态，哪里总让你提醒了？

☺正确做法：不要试图扩大问题，升级矛盾。当对方的情绪较激动时可用

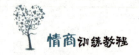

适当示弱的语气表示理解对方，有助于减少沟通障碍。

【举例】嗯！我确实答应好的事情没做，你生气我能理解，因为你一直都为家庭付出了很多。

☆点拨提升☆

沟通时最忌讳使用指责式、抱怨式语气，这样不仅达不到沟通的目的，而且还会增加本不该有的沟通障碍，使沟通双方由一开始的负面情绪最终发展到情绪失控。因此，我们在倾听时要尽量把负面情绪抽离，不受其干扰和影响，努力了解对方的实际诉求，进而更好地实现有效沟通。

高质量的倾听一定要学会排除情绪的干扰。有时候沟通双方明明是一致的观点，但因为双方的内心都带有负面情绪，最后反而得到了一个相反的结果。当出现情绪排斥时，所有的交流都会遇到障碍，所有的沟通都不会产生效果，还容易激化矛盾。

比如，同样的一个道理，可能我们的父母说出来的时候，我们会觉得唠叨、啰唆，感觉自己被干涉、被管束，产生抵触心理，这就是情绪在作祟。而我们的朋友站在同龄人的角度，给出同样的建议，我们就更愿意接受。所以，当你和一个人沟通，感觉对方有对立情绪时，你要做的不是努力表达自己的观点，据理力争，而是试图了解对方在反对和拒绝背后的真实感受和需要。

2. 学会理解对方

训练活动 9.4

团队思考

请根据下面的情境在横线上写下你的回应，完成后请与团队其他成员分享你的回答。团队可以选出一个大家认为最好的回答，并说说这个回答好在哪里。

假设好朋友的手机被人偷了，他感到很沮丧，向你诉苦，你会怎么说？

____

____

☆点拨提升☆

每个人根据自己的经历、习惯和认知会有不同的回应，没有哪个答案是绝对的正确或者错误，只是看哪一个回应会让对方的内心感到舒服，使其沮丧的心情得以平复。我们在回应前，可以先思考：如果我处于对方这个情境下，我是什么样的心情？我最想听到什么样的话？什么样的话和行为可以平复我的心情呢？如果能换位思考，那么很多交流就会变得非常愉快和顺畅，大家可以互相接收到对方的情感需求，自然交流氛围也会更加融洽、和谐。

训练活动 9.5

根据［训练活动 9.4］中自己的回应，对比下面五种类型的回答方式，分析每种回答对方听了以后可能产生的心理感受，并写在下面的横线上。

◎马后炮型：“我早就告诉过你手机不要放在裤兜里啦，你看，这下被偷了吧。”

______

______

______

◎感同身受型：“我明白你的感受，你现在肯定特别难过。”

______

______

______

◎转移话题型：“你这算什么，我才惨呢。之前刚刚买的手机第二天就被偷了！”

______

______

______

◎评论型："你也太不小心了，下次一定要注意！"

◎大题小做型："我还以为出什么事了呢，不就是个手机吗？值得你哭丧着脸吗？旧的不去，新的不来！"

通过以上训练我们可以感受到，在倾听中理解的重要性。有时候，当对方有诉求时，也许我们不能马上替对方解决，但是若能表现出对这份诉求的理解，沟通也会朝着比较和谐的方向发展。在沟通中，要避免只关注自己的感受，我们一定要知道沟通是双向交流的活动，说话者和倾听者是互动关系，互动中需要理解和被理解，需要回应和被回应。

例如，有一天你一个人在宿舍，突然停电了，由于是晚上，学校充电费的部门早已下班。此时，你的一位舍友回来了，得知停电后就开始指责你："为什么你不早点告诉我停电了，我在外面就可以充啊！"你当时听了有些生气，因为宿舍何时停电不是你能控制的，舍友这样不问清楚缘由就随意指责人实在是太过分了。

如果此时你把关注点放在自己被无故指责上，并且感到十分委屈和气愤，那么一场小小的停电事件可能就会引发两个人的争吵。但是，如果这时候你能冷静下来，去理解舍友的感受，探究舍友不高兴的原因，也就不会那么容易愤怒了。一旦我们把关注点放在对方的感受和需要上时，就不会再说出激化矛盾的话，而是专注于思考如何解决问题。

我们要想规避因情绪带来的沟通困扰，就必须学会解读对方的行为，了解对方的真实感受和想法，此时，可以用"知觉检核"技巧帮助我们在沟通中理清头绪，理解对方，更好地实现有效沟通。

"知觉检核"技巧多适用于沟通中说话者情绪较为激动、倾听者较为委屈的情境，处于此情境下时，倾听者可以这样做来抑制内心的不满：

(1) 描述你观察到的行为，比如说话者现在的感受，包括语气、行为给你的感觉。

(2) 列出关于此行为可能的诠释 (至少列出两种)，即找出你认为对方可能生气 (或伤心、郁闷等) 的原因，以此增加对对方的了解，更好地理解其诉求。

(3) 请求对方做出澄清，即请对方告诉你真实的诉求是什么。这种主动探寻的方式会让对方感觉到自己被关注，有利于沟通的进行。

对于上述“宿舍停电事件”，我们可以用“知觉检核”技巧来进行处理，具体操作如下：

(1) 描述舍友的行为：“你刚才回来发现停电后看起来有点生气。”

(2) 列出至少两种可能的诠释：“是因为停电了你没办法用电脑做毕业设计，还是因为天气热你没办法开空调?”

(3) 请求对方做出澄清：“你能告诉我是为什么吗?”

通过“知觉检核”技巧的分析，可以让倾听者不受到说话者情绪的干扰，并且比较清楚地了解到对方的诉求，令对方感觉自己被理解和被尊重，很多比较容易起冲突的场景都会因为有技巧的沟通而让气氛得以缓解。

所以，“宿舍停电事件”可以变成另外一种场景：那天晚上，我并没有和舍友发生争执，而是问她：“你刚才回来发现停电后看起来有点生气 (描述行为)，是因为停电了你没办法用电脑做毕业设计 (第一种诠释)，还是因为天气热你没办法开空调 (第二种诠释)? 你能告诉我是为什么吗 (请求做出澄清)?”这时候，舍友显得没有一开始那么生气了，说道：“其实毕业设计倒没什么，我的电脑还有电，就是晚上回来身上都是汗，停电了怎么洗澡啊!”于是，我知道了她真正的需求是洗澡，所以我提出了去隔壁宿舍洗澡的办法，而她也就不再有情绪了。

训练活动 9.6

“知觉检核”训练

请在下面的横线上记录一件曾经让自己感到特别委屈的事件，当时对方的情绪异常激动且对你有诸多误解。然后运用“知觉检核”技巧呈现该如何

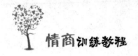

进行沟通，使矛盾不会激化且问题得以解决。

六、沟通心理：情境沟通

沟通需要考虑情境，这个情境包括沟通者的年龄、性别、职业、身份及沟通时的具体环境。在不同的情境下，对沟通者会有不同的要求，所以我们采用的沟通方式必须要灵活，要做到随机应变。

训练任务 9.7

团队思考

请把自己作为下面这个情境的当事人，以现场模拟的方式有效解决该情境中出现的问题，并在横线上写下你的解决方案。

现在很多人在人行通道上进行街头绘画和演奏乐器，精湛的表演经常引起人们的围观。假如你是某个街道办事处的工作人员，这种现象引起了交通堵塞，你将会如何劝阻？请进行现场模拟。

☆点拨提升☆

上面这个情境涉及了三种身份的人，第一种是街道办事处的工作人员，第二种是围观群众，第三种是街头绘画者和乐器演奏者。在沟通时，面对街头绘画者和乐器演奏者，“街道办事处的工作人员”不能一味地强调是因为他们造成了交通堵塞而命令其离开，还要看到他们精湛的表演也丰富了群众的文化生活；面对围观群众，“街道办事处的工作人员”也不应直接就命令其离开，而是应该看到他们对艺术的欣赏和肯定。所以，在与他人沟通时，我们应该根据情境具体问题具体分析，才能使事情既得到妥善解决，又可以令不同的对象都感到满意，这才是沟通中的“多赢”。

交流是生活中最重要的技能，每天我们都要花很多时间与人进行沟通。那么，我们在跟不同的人沟通时，所用的语言都是一样的吗？当然不是，工作有工作用语，要规范专业，体现职业风范；学习有学习用语，要严谨客观，体现学科特性；生活有生活用语，要亲切随和，体现生活气息。这种不同恰恰是和情境相关的，要达到理想的沟通效果，就必须要学会在不同情境中与不同对象有效地进行沟通。

本书按照沟通的方向将沟通情境分为三个方面，即与上级沟通、与平级沟通、与下级沟通。

（一）与上级沟通

与上级沟通，此处我们以向领导请示和汇报工作为例。在与领导沟通前，我们应先与其预约，尽量不要没有预约就直接去找领导交流。预约完毕后，一定要准时抵达预约的地点，进门前应先敲门以示礼貌。在与领导的沟通中，一定要注意自己的仪表和仪态，应做到挺胸抬头、举止大方、眼神亲切、表述清晰、语速适中、语调平和，切忌小动作太多，比如抓耳挠腮、转笔晃腿、眼神乱瞟等，这些都应该在沟通中避免。良好的沟通仪态代表着沟通者的基本素养，会令对方有较舒适的感受。与领导沟通尽量多听多记，听完后可以用复述的方式回应，不要在领导讲话时随意打断，如果有未听清楚的地方，可以在领导全部说完后，再提出问题进行确认。

训练任务9.8

当你遇到以下情况时，你会如何与领导进行沟通？请写在下面的横线上。

1. 你的领导突然分配给你一项任务，你如果接下这个任务将会严重影响你手头正在进行的工作，你应该怎么办？

____

____

____

2. 你的领导让你送一份文件去组织部，事后又说你应该送去人事部，并严厉地批评了你，你应该怎么办？

____

____

____

☆点拨提升☆

接受领导安排的任务，把任务当作是对自己能力的锻炼。对于领导的批评我们应虚心接受，对工作上的失误我们应进行积极补救，有针对性地提升自己，这样有利于日后工作的开展。

（二）与平级沟通

与平级沟通的情况比较多见，一般沟通的目的有合作共事、信息共享、情感交流、请求帮助等事宜。如我们与同事沟通时，可以在较轻松的氛围中展开话题，我们的仪态要大方得体，专注的眼神和清晰的表达会令同事感觉到被尊重。我们说话时的语气应委婉含蓄，注意考虑对方的感受，在沟通中多表现体谅和理解。在同事做得好的地方要主动表现出向其学习的态度，在展现自己的工作成绩时要多肯定同事的付出。切忌与同事沟通时采用说教的方式，尤其不要讲一堆大道理，适当展现自己的幽默感会有利于与同事的相处。

与同事进行沟通时常常会涉及工作问题，一旦遇到意见不合的情况，要注意控制自己的情绪，不要因为情绪失控而产生过激的行为；如果遇到暂时解决不了的问题，可以进行“冷处理”，待第二天或者下次开会时再讨论。与同事相处时，应多发现同事的闪光点，展现个人积极的一面会更利于同事之间的交流相处。

训练任务 9.9

当你遇到以下情况时，你会如何与同事进行沟通？请写在下面的横线上。

1. 你的单位有一位年长的同事总是喜欢不请示领导就直接给你安排工作，你应该怎么办？

____

____

____

2. 你顶替一位生病的同事与其他部门的同事一起合作一个项目，结果对方认为你是新来的员工，经验不足，不愿意接收你进团队，你应该怎么办？

____

____

____

3. 假如领导交给你一项紧急任务，要你和其他两位同事一起完成，但那两位同事都太忙了，结果影响了工作进度，你应该怎么办？

____

____

____

☆点拨提升☆

在不影响本职工作的情况下，我们可以尽量帮助同事完成一些工作，把它当作与同事之间交流和学习的机会。当遇到同事对自己的工作能力不认可

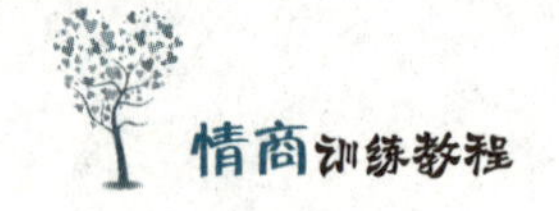

时，可以主动展现自己的工作能力，并多虚心求教。多站在同事的角度思考问题，有利于营造快乐、和谐的工作氛围。

（三）与下级沟通

与前两种沟通相比，与下级沟通的情况要求沟通者具有一定的职务，小到项目组组长，大到国家领导人，涉及面特别广。此处，我们以单位领导为例。单位领导在大多数时候与下级沟通是为了解群众的各种情况，以使工作更好地开展，任务更好地完成。所以，沟通者就需要多提问题、多倾听、多记录、多安抚，并且语气要亲切，要面带微笑，眼神要柔和，要展现出对对方的关心和爱护。

在与下级的沟通过程中，领导不应发表太多的个人评论，要让下级在轻松的氛围下进行倾诉，这样有利于取得真实的信息。当对方的情绪较激动时，应该及时表示理解，可以通过端茶、倒水等方式表示关心。在沟通中还可以增加一些拉近距离的小细节，可使对方更好地打开心扉。尽可能全方位了解对方的需求是与下级沟通的基本要求，切忌以偏概全、以点带面。

训练任务 9.10

当你遇到以下情况时，你会如何与下级进行沟通？请写在下面的横线上。

上级领导派你下基层执行任务，群众不配合你的工作，你该怎么办？

____

____

____

____

☆点拨提升☆

遇到下级群众不配合工作时，了解其中的原因是沟通的关键。大家或者是对方针政策不了解，或者有什么顾虑，或者有难言之隐，应尽快调查群众不配合的原因。在沟通的过程要有耐心，要能站在群众的角度理解他们的处境，并用积极乐观的心态去引导、鼓励他们。

总之，在沟通过程中，我们的语气、表情、姿态等要根据情境不断地进行变化，培养好我们的倾听技能，重视身体语言，学会换位思考、认同及鼓励。生活中每一个情境都是对自我沟通能力的考验，每一次的沟通既是认识别人，也是认识自己的过程。我们应该不断突破、不断完善自己，使我们的情商能力不断提高！

本章小结

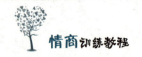

一个人的沟通能力的强弱是其情商高低最直接的行为表现，善于沟通的人往往情商能力都较高，他们不仅可以赢得良好的人际关系，而且也可以经营好自己的生活。在沟通交流过程中，我们要多注意其中的细节，如倾听时如何去回应，表达时如何让别人更愿意接受，这些都是决定沟通顺畅与否的关键。

本章作业

团队练习：把自己带入到下面的情境之中，以现场模拟的方式在小组中进行演练。每位学员逐一进行演练，其他学员在该名学员演练完毕后谈谈自己的感受：你会接受这样的做法吗？为什么？

1. 你平时的学习和社团工作很繁忙，而且最近也经常睡懒觉，导致你上课经常迟到。你的辅导员知道后经常打电话提醒你按时上课，于是你把辅导员的来电铃声设成《鬼子进村》，这样能督促自己不睡懒觉。辅导员知道这件事后十分生气。请问你怎么和辅导员解释？请在下面的横线上写下你要说的话，然后把其他学员当作该名辅导员，进行现场模拟训练。

____

____

____

____

____

2. 你和小李是同事。小李去年贷款买了房，还款压力大，经常抱怨工资低。后来，小李开始在上班时炒股，还做其他工作之外的事情。领导让你找小李谈话，让他端正工作态度。请你把要对小李说的话写在下面的横线上，然后把其他学员当作小李，进行现场模拟训练。

3. 小王是单位新入职的员工，抱怨单位宿舍没有空调、微波炉。小王跟办公室主任提了建议后，办公室主任批评他要求太高，小王的情绪十分低落。如果你是小王的同事，你会怎么跟他说？请将你要说的话写在下面的横线上，然后把其他学员当作小王，进行现场模拟训练。

4. 小张刚到公司不久，完不成工作任务，他跟部门领导抱怨，被领导批评了一顿，小张感到十分委屈。如果你是小张的同事，你该如何劝说小张？请将你要说的话写在下面的横线上，然后把其他学员当作小张，进行现场模拟训练。

5. 在你们公司举办的一个评选“优秀员工”的大会上，很多同事觉得你很优秀，纷纷推荐你当选，但平时和你关系不好的小潘在发言时说你和同事相处得并不好，使得当时现场的气氛很尴尬。这时正好轮到你发言，你会怎么说？请将你要说的话写在下面的横线上，然后把其他学员当作你的同事，进行现场模拟训练。

6. 你们单位准备开展法律知识竞赛，某部门因为人少工作量大，该部门的领导不准备参加比赛。如果你是该单位工会的干事，工会主席让你去劝说该领导，你会怎样与他进行沟通？请将你要说的话写在下面的横线上，然后把其他学员当作该领导，进行现场模拟训练。

7. 你在一家高新技术产业公司上班，该公司成立虽不满三年，但发展前景很好。小李在公司工作了两年，工作业绩一直很好，同事们都很看好他。但他最近突然表示压力很大想辞职，公司领导想让你去劝说他留下来，你会如何跟他进行交流？请将你要说的话写在下面的横线上，然后把其他学员当作小李，进行现场模拟训练。

8. 你是单位的业务骨干，最近有一个为期 15 天的业务培训，你很想参加，但是你的手头有一项十分重要的工作要完成，部门领导不想让你去。你认为这次学习的机会对你来说很重要，你应该如何向领导争取这次培训机会？请将你要说的话写在下面的横线上，然后把其他学员当作你的部门领导，进行现场模拟训练。

____

____

____

____

____

9. 你陪同单位领导参加一个离休老干部座谈会，会上有离休老干部指出现在单位有很多年轻人工作不认真，你作为单位的代表要做简短的发言，其中要回应离休老干部提出的问题。请将你要说的话写在下面的横线上，然后把其他学员当作离休老干部，进行现场模拟训练。

____

____

____

____

____

10. 随着高校毕业季的到来，“毕业经济”提前火爆起来，求职、聚餐、去 KTV 唱歌、毕业旅行都成了重头戏。如果你是某高校毕业班的辅导员，请你在班上发表一段讲话呼吁同学们在毕业季要理性消费。请将你要说的话写在下面的横线上，然后把其他学员当作毕业班的同学，进行现场模拟训练。

____

____

____

____

____

11. 某社区准备对领取最低生活保障的群众开展技能培训，但是很多人积极性不高。你作为此次培训的负责人该如何劝说他们积极参加培训？请将你要说的话写在下面的横线上，然后把其他学员当作这些群众，进行现场模拟训练。

____

____

____

____

____

第 10 章
综合测试（二）：团队作战

通过前面的学习和训练，我们已经对情商有了一个系统的了解，并不断地将所学的知识进行消化和吸收。本章是全书的最后一章，我们将通过多项具体、有趣的活动任务来检验自己的学习效果，让我们一起开始吧！

一、什么是团队作战

团队作战，即本章的训练活动需要团队成员共同完成，这就要求团队成员之间要互相配合，发挥每位成员的优势，考验每位成员之间的默契度、团队分工是否合理、团队队长的组织协调能力等。

本章会安排多项团队任务，导师根据训练时间来分配好各个团队需要完成的任务，可以采取抽签的方式两两一组，两个团队之间进行 PK。判定的标准有：一看时间——用时最少的团队优先获胜；二看结果——哪个团队完成的情况更好，或者哪个团队有明显的问题；三看过程——团队成员之间的合作是否默契，团队成员的情绪如何。

每个团队任务所需的道具会有所不同，导师需要提前将道具准备好，并安排各团队队长协助管理道具，如有助教可请助教协助管理。在团队 PK 的过程里，导师需要密切观察、调节气氛、驾驭现场，还需要和其他观战的团队进行有效沟通，使所有学员都集中精力关注场上团队的表现。单个团队完成训练任务后，由导师主导，按照完成的先后顺序检验团队训练任务的完成情况。所有的团队检验完毕后，导师需要简单地总结一下大家的表现，介绍一下各团队活动的完成情况。

本章安排了 8 个团队训练任务供大家选择，都是较易操作、安全性高的活动，具体项目的选择由导师根据学员的实际情况和课程的培训时间来确定。这 8 个团队训练任务在具体实施时，导师可以根据场地、道具情况以及对项目的理解对其进行一定的改造。但是，必须注意：保证每位学员的安全是开展训练活动的第一准则。

二、团队作战训练

无敌风火轮

▶活动类型：团队协作竞技型。

▶活动道具：报纸、胶带、剪刀。

▶活动操作：(1) 8～12 人一组，利用报纸和胶带制作一个可以容纳全体团队成员的封闭式大圆环（如图 10.1 所示）。

图 10.1　队员制作“无敌风火轮”

(2) 制作完毕后，将圆环立起来并让全队成员站到圆环内侧，然后边走边滚动大圆环（如图 10.2 所示）。

▶活动目的：本活动主要培养大家团结一致、密切合作、克服困难的精神，培养大家的计划、组织、协调能力，培养大家服从指挥、一丝不苟的工作态度，增强团队成员间的相互信任和理解。

图 10.2 “无敌风火轮”示例

▶注意事项：实际活动参与人数可根据团队人数情况由导师灵活安排。该活动可多个团队同时进行，依据制作圆环的时间和滚动圆环的效果来评判哪个团队表现更好。最终用时最短且圆环没有破裂的团队获胜。

训练任务 10.2

数字传递

▶活动类型：团队协作竞技型。

▶活动道具：白纸。

▶活动操作：(1) 每个团队的所有成员都排成一个纵列。

(2) 各团队选一名代表来到导师处，导师给团队代表们看一个数字，然后各团队的代表回到自己团队队伍的队尾，通过肢体语言将这个数字传递给站在他前面的人，以此方式依次向前传递，最后站在小组最前面的人将这个数字写到导师处的白纸上（白纸上已写好各团队名称）。

(3) 活动的过程中所有人不允许说话和回头，每一个人只能够通过肢体语言向前一个人进行传达（如图10.3和图10.4所示）。

图10.3 “数字传递”示例1

图10.4 “数字传递”示例2

(4) 每场比赛进行三局（如数字可以是 0、900、0.01），每局结束后休息 1 分 30 秒。

▶活动目的：本活动主要培养大家的团队协作能力，考察团队的计划执行力和默契程度，提高团队成员间的合作、组织、协调能力，使大家意识到沟通对实现团队目标的重要意义。

▶注意事项：在活动开始前，导师可以给每个团队 2～5 分钟的沟通时间。在这段时间里，团队成员们可以商讨自己团队的“传递密码”。原则上三局“数字传递”的难度要依次递增，数字可以有小数点或者分数。

训练任务 10.3

报纸上的平衡

▶活动类型：团队合作型。

▶活动道具：报纸。

▶活动操作：(1) 每个团队所有成员的一只脚都要踩在一张报纸上（如图 10.5 所示），然后大家合作用脚把报纸翻到另一面（如图 10.6 所示）。

图 10.5 “报纸上的平衡”示例 1

图 10.6 “报纸上的平衡”示例 2

（2）活动任务完成后结束计时，用时最短的团队获胜。

▶活动目的：通过活动传达合作的理念——团队中每一个人的表现都会影响到整个团队的表现，做项目也是一样。

▶注意事项：整个活动过程中学员不能用手接触报纸，报纸不能破，而且大家的脚也不能完全离开报纸，但可以左、右脚替换。注意所有人的脚不可以在报纸上蹭。

训练任务10.4

坐地起身

▶活动类型：团队合作型。

▶场地要求：大片空地。

▶活动操作：（1）要求4个人一组，围成一圈，背对背坐在地上。

（2）每个人在不用手撑地的情况下站起来。

（3）随后依次增加人数，每次增加2个人，最后增至每组8～10人（如图10.7所示）。

图10.7 “坐地起身”示例

在活动过程中，导师要引导学员坚持、坚持、再坚持，因为成功往往就是再坚持一下。

▶活动目的：此任务重在培养团队成员之间的配合，让大家明白合作的重要性。

▶注意事项：该活动如果场地条件允许，可多团队同时进行，这样可以节省活动时间，且各团队之间可以进行对比，用时最短且完成情况最好的团队获胜。

训练任务 10.5

齐眉棍

▶活动类型：团队合作型。

▶活动道具：3 米长的轻棍（具体长度可根据团队人数进行调整）。

▶活动操作：（1）团队成员分为两队，面对面站立，每人伸出一根手指放在棍子下面，使其保持平衡。

（2）所有人一起将棍子升至团队中个子最高者头顶的高度（如图 10.8 所示），然后再一起将棍子移至最矮者膝盖的位置（如图 10.9 所示）。

图 10.8 “齐眉棍”示例 1

图 10.9 “齐眉棍”示例 2

(3) 在整个过程中，所有人的手指不能离开棍子，否则重新开始。

▶活动目的：考察团队的合作能力。在活动过程中如果遇到困难或出现了问题，很多人马上会指出别人的不足，却很少发现自己的问题。团队成员之间的抱怨、指责、不理解对于团队的危害很大。这个活动意在提高大家相互配合、相互协作的能力。

▶注意事项：此活动不规定具体的操作细节，需要团队集思广益找到最佳行动方案。该活动在道具条件允许的情况下，建议多团队同时进行，用时最短的团队获胜。

训练任务 10.6

盲人方阵

▶活动类型：团队协作型。

▶活动道具：长绳一根。

▶活动操作：团队所有成员蒙上眼睛，合作将一根绳子拉成一个最大的正方形，并且所有成员都要均分在四条边上（如图 10.10 所示）。用时最短的团队获胜。

图 10.10 “盲人方阵”示例

▶活动目的：这个任务锻炼的是团队成员之间的配合和信任，一个有领导、有配合、有能动性的队伍才能称之为团队。

▶注意事项：绳子的长度可根据团队成员的人数进行调整。活动开始前，导师应该给每个团队充分的沟通时间，让他们发挥创意、讨论好活动方案。因为在活动过程中，所有团队成员蒙着眼睛，所以导师务必提醒大家要注意安全；当出现临时状况时，导师要及时进行提醒和引导。安全性是导师在这个活动中要密切关注的问题。

训练任务 10.7

疯狂的设计

▶活动类型：团体合作益智型。

▶活动道具：小纸条、笔。

▶活动操作：（1）导师要提前准备好一些写了英文单词的卡片，活动开始前请各团队队长来抽取卡片。

(2) 要求团队成员合作用身体将抽到的英文单词摆出来（如图 10.11 和图 10.12 所示）。在最短时间内摆好单词造型的团队获胜。

图 10.11 “疯狂的设计”示例 1

图 10.12 “疯狂的设计”示例 2

▶活动目的：本活动旨在培养团队成员的合作能力和组织能力，同时还能激发大家的创造性，增进团队成员间的互动和彼此的信任。

训练任务 10.8

地雷阵

▶活动类型：团队素质拓展型。

▶活动道具：一定数量的蒙眼布；2 根约 10 米长的绳子；一些报纸或硬纸板，用来表示游戏中的“地雷”。

▶活动操作：(1) 选一块宽阔、平整的空地作为活动场地。

(2) 2 人一组，其中一人要被蒙上眼睛。

(3) 把 2 根长绳平行放在地上，中间距离约为 10 米。2 根绳子分别代表“地雷阵”的起点和终点。在 2 根绳子的中间区域放若干张报纸（或硬纸板）作为“地雷”。

(4) 被蒙上眼睛的学员，在自己搭档的帮助下走到“地雷阵”的起点，然后他的搭档后退到他身后 2 米处的位置站定。

(5) 比赛开始后，被蒙上眼睛的学员在自己搭档的声音提示下，开始穿越“地雷阵”，途中踩到“地雷”者被淘汰（如图 10.13 所示）。先到达终点者为胜。

图 10.13 “地雷阵”示例

▶活动目的：建立小组成员间的相互信任，促进彼此之间的沟通与交流，使小组充满活力。

三、团队作战评分考核说明

每位导师可根据表 10.1“团队测评考核表”对各团队进行考核，根据团队印象、能力体现、任务成绩、综合展现四项进行评分，每一项的满分为 10 分。考核重在观察每个团队的成员在活动中情商能力是否得到提升，是否突破了自我。

表 10.1　团队测评考核表

团队名称	团队印象	能力体现	任务成绩	综合展现

本章小结

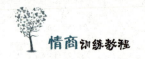

本章是全书的第二个综合训练，也是最后一个团队活动，意在对学员前面的学习情况做一个综合的了解和考核，检验大家是否消化了所学的知识，并能很好地运用到实际行动中。本章的训练任务既可以安排每个团队一个一个地进行，也可以安排所有团队同时进行，导师可根据活动人数、道具和场地情况灵活调整。

本章虽然是我们这次情商训练课程的结束，但是是每位学员情商之路的开始，从这一刻起，大家在以后的学习、工作、生活中要学会自省，用积极的思维看待问题，尝试控制自己的情绪，培养自己的同理心，懂得换位思考、理解他人，使自己在与他人沟通时毫无障碍。我们要用自我核心价值观衡量自己的言行，做一个有格局、有胸怀、有大爱的高情商者，在让别人感受温暖的同时，也收获自己的人生幸福。

本章作业

1. 队长评价

每个团队的队长根据自己团队的成员在训练过程中的表现，对其自我认知能力、情绪控制能力、沟通协作能力等与课程相关的情商能力做一个客观评价。队长在进行评价时，可以从团队成员参与任务的积极性、配合度、完成效果等方面进行考量。具体的打分标准可由导师根据团队实际情况制定。评分的结果不需要公布，只作为每位学员综合评价的一个参考。

____

____

____

____

____

2. 自评回顾

回到第1章的［训练任务1.2］，请你本着真实、客观的原则重新在下面的横线上写下你认为自己在别人心中的印象，然后与［训练任务1.2］横线上的内容进行对比，看看有什么变化。

后　　记

我从事教育工作多年，一直致力于将素质教育践行在实际教学工作中，也希望可以靠这份坚守影响到身边的人。但这条路走得并不平坦，想要让素质教育开花结果，需要大胆突破，转变教学观念，创新教学理念。因此，这条路任重而道远。

很多人问我，为什么要这么执着？我也没有太清晰的答案，只是知道作为一个“过来人”，我不想让我的学生走太多弯路。也许看到这，你会感到迷惑，那么你应该听过“高分低能”“读书无用论”等说法，每年都有成绩优秀的大学毕业生找不到工作，毕业就面临着失业，不是他们不够努力，只是说这个社会不仅需要专业扎实的人才，而且需要或者说更需要能够把专业知识转换为实践成果的人才。一个人如果只会读书，只会拿高分，却没有健全的心智，没有一定的沟通表达能力，不懂得控制情绪，遇事慌乱，将很难真正融入现在的社会。进入社会后，很多人感到无所适从、压力过大而出现很多心理问题，这些都要靠我们的情商来解决。

近几年，经济的发展、科技的进步，在给我们带来良好物质生活的同时，也令我们每个人处于高压力、快节奏的生活现状中。人们的抗压能力越来越差，渐渐形成了两类人：一类人是控制不住自己的脾气，导致矛盾升级，将自己一次次置于风口浪尖，更有甚者会引来暴力对自己身心造成危害；另一类人是一直隐忍，压抑自己的情绪、需求，最后郁郁寡欢产生心理疾病甚至选择自杀，或者选择去伤害别人。我们熟知的“马加爵事件”、上海复旦大学投毒案等，都充分说明：一个人不懂得处理自己的情绪，不懂得如何与别人沟通，没有好的抗压能力和有效的解压渠道，最后有可能造成极大的心理问题，导致人生走入阴霾。

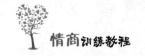

2018年10月28日重庆一辆公交车坠江，15位乘客全部身亡，无一幸免，这件事情轰动全国。而这件事情的起因却只是一名乘客因错过站下车要求司机停车，司机拒绝其要求后该乘客情绪失控与司机发生冲突，本来只是语言上争吵，可是愈演愈烈，矛盾升级，最后酿成了悲剧。原本一件无足轻重的小事，却令15个鲜活的生命就这样消逝了，多么令人悲痛，又多么令人愤怒！倘若这位乘客能用积极的思维方式去思考这件事，理解司机不停车是遵守交通规则，还会这样去闹吗？倘若她能控制好自己的情绪，还会发生这样的事情吗？而2020年7月7日贵州安顺公交车坠湖事件再次证明了低情商对自己、对他人、对社会可能造成的影响有多么恶劣。司机张某因家庭不幸福、生活不如意对社会产生不满，于是用极端方式报复社会，造成21人死亡、15人受伤，公共财产遭受重大损失。这种恶劣的社会行为背后反映的就是个体不懂得调节个人情绪、思维狭隘、心态消极等问题。这些足以说明情商的重要性。而意识到情商重要但没有做出任何改变的人却有很多；即使想改变，但不知道怎么改变的人也不计其数。

作为一名教育工作者，我有责任和义务去努力做一些尝试，哪怕不能起到多大作用，但是水滴石穿，坚持的这份信念，所做的一切终究会影响到一些人的，这是我编写《情商训练教程》这本书，并坚持多年情商课程教学的初衷。

不仅大学生需要，企业员工、政府领导、中小学教员等各行各业的每一个人都需要提高情商。智商是生存发展的基础，而情商是决定发展高度的重要因素，也是获得快乐的关键要素。

这本书中的教学方法、教学理念、教学活动是我已经实践四年的产物，不能说适用于每一个人，但是应该说对于大多数想提高情商的人都有积极意义。我希望通过这本书能传递出一分温暖和力量，让更多人加入提高情商的队伍中，让更多人获得温暖和力量。

“插上情商的翅膀，向快乐飞翔。”提高情商并不难，不忘初心，方得始终。做一个阳光的人，情商会在你的意识中生根结果。祝愿所有阅读这本书的朋友都能懂得珍惜，知道感恩，收获温暖，并祝人生之路，一切安好。

吴　琪

2020年7月20日于广州